A．長野県上高地のクロカワゴケ群落

B．赤黒い蒴を持つマルダイゴケ

①オオスギゴケ

②ホソバオキナゴケ

③ヒノキゴケ

④ハイゴケ

⑤コバノチョウチンゴケ

⑥コツボゴケ

⑦タチゴケ

⑧ギンゴケ

⑨ヤノウエノアカゴケ

⑩ハマキゴケ

⑪フタバネゼニゴケ

⑫ジャゴケ

⑬オオミズゴケ

⑭カガミゴケ

⑮ヒジキゴケ

⑯トヤマシノブゴケ

⑰イクビゴケ

⑱キヨスミイトゴケ

「代表的な苔20選」（p.197～206）参照．⑥⑮⑱は平岡正三郎氏撮影

C．原糸体が半球状に生育するミスズゴケ（樋口澄男氏撮影）

D．スナゴケの湿った状態（上）と乾いた状態

E．ヒカリゴケ群落（山口富美夫氏撮影）

中公新書 1769

秋山弘之著

苔の話

小さな植物の知られざる生態

中央公論新社刊

はしがき

ものの見方や心の感じ方が、育った環境に影響されるのだとしたら、「日本人」の感性は、川や山といった命を持たないものばかりでなく、そこにいる自然の生き物たちとの関係にそのいしずえがあるにちがいありません。そしてすべての生き物に、安住の住処《すみか》と命をつなぐ食物を与えているのが植物なのです。森や草原といった広がりを持った環境を見るとき、まず初めに目に映るのは、木や草、そしてシダといった体の大きな植物たちにちがいありません。しかし、腰を下ろしてじっくりと地面を眺めるならば、ずっと小さいのだけれども、実に不思議な魅力に富んだ苔《こけ》たちの世界がそこに広がっていることに気づくことでしょう。

意識しないと気づかない世界。そう、ゆっくりと落ち着いた気分であることが、苔とつきあううえで大切なのです。一度この感覚を得られれば、道端にも、街路樹の幹にも、校舎の屋上にも、その目で見てみればあちらこちらに苔がいることに気づきます。ふだん私たちは彼らをただ見過ごしてしまっているだけなのです。それは苔が、ほかの植物たちと比べてずっと小さな体をしていることが理由なのですが、実は苔が持つ数々の不思議な性質も、この体が小さいということに由来しているのです。細胞の表面にちりばめられた不思議な模様にも、また蒴《さく》の縁取りの構造の妙と、胞子を飛ばす際の実に理にかなった絶妙な動き。はっと驚かされる工夫が、小さな体のあちらこちらに秘められています。それはあたかもコンピュータの集積回路のようです。残念ながら人間の目ではちょっと倍率が足りませんから、詳しく観察するには虫眼鏡が必要なのですが、安いものでも大丈夫。これ一つあればぐっと世界が広がってゆきます。

苔を求めて苔庭を訪れるなら、梅雨の時期にかぎります。たっぷりと体中に水を染み渡らせ、いきいきとした苔たちが、濃淡実にさまざまな緑の色で、しっとりと雨に打たれています。どんよりとした空の色も、かえって苔の魅力を増すようです。夏の盛り、晴天の日が続くと、見かけがすっかり変わってしまいます。干からびてしまい見るからに哀れな姿をさらしているのですが、実はここにこそ、地球の歴史の中で苔が過酷な環境を生き延びてきた秘密が隠されているのです。

鮎《あゆ》が食べるものも、熱帯魚の水槽に生える厄介者も、そして古びた家の壁を緑色に染めるものも、みなまとめてコケと呼ばれています。コケという言葉は、地面に広がる、平べったい植物すべてを指し示すものとして用いられてきました。私の勤める博物館には一年を通じてさまざまな問い合わせがありますが、よくある質問の一つが、裏庭の隅に生えている黒くてぶよぶよした「コケ」の正体を尋ねたものです。これはイシクラゲという藍藻《らんそう》（正確には藍色細菌）の仲間なのですが、このような誤解があることは、一方では美しさを賞讃される苔であり、他方ではできれば触りたくない苔、正と負両方のイメージが現代の人々の間にあることをよく示しているのではないでしょうか。では、もっとずっと自然が豊かだった時代、人は苔にどのような想いを込めてきたのでしょう。そして、本当の苔とはいったいどんな植物なのでしょうか。

世界に二万種もある苔ですから、なかには変わった生き方をする種類があります。水に浮かぶ苔、焼け跡ばかりを好んで徘徊《はいかい》する苔、なかには汲《く》み取り便所のそばばかり選ぶものや動物の排泄物《はいせつぶつ》や死骸《しがい》をその住処とするものまであります。彼らは、いったいどういう理由でそのような場所を選んでいるのでしょうか。

苔について何も知らない状態から私が勉強を始めてから、二〇年余りが過ぎました。何事に対しても飽きやすい性格がわざわいして、これまでに手を出したなかには長続きするものは少なかったのですが、時に応じてその関わり方に濃淡はあったにしても、ただ一つ苔だけはずっと生活の中心であり続けてきました。そして今では苔を調べることが職業でさえあります。振り返って改めて感じるのは、苔というのは知れば知るほど不思議な植物だなあということです。この感覚をほかの人に伝えたいという気持ちから、この本を書き始めました。苔の知られざる側面に光を当てながら、さまざまな疑問に答え、苔をよく知らない人にも楽しく読めるよう、苔をめぐる興味深い話題を中心に、ときには私たちの日々の生活との関わりの面から説き起こすように努めたつもりです。苔庭散策の前にでも読んで知識を仕入れていただければ、同行の人たちにすごいねと感心してもらえるという実用的価値もあるかもしれません。また、苔の名前はすでにいくつか知ってはいるけれどももう少し詳しく知りたい人にとっても、この本を読むことでさらに苔への興味が深まるよう、多少専門的な事柄についても踏み込んで触れている部分があります。たとえば世代交代の話などでちょっと難しいなと感じたときには、わかりにくいところは棚上げにしたまま読み進んでください。

いま、室内インテリアとして苔がもてはやされています。しかし、本来野外でひっそりと生きている苔が、本当に部屋の中で生きてゆくことができるのでしょうか。枯れたらゴミ箱ゆきの、使い捨てにされているのではないかと心配です。ブームが仇《あだ》となって、かえって苔が疎《うと》まれるようにならないともかぎりません。本書を読まれた方が苔のことをより深く知り、育てにくさや扱いにくさも含めて、苔に対する愛情が深まるとしたらこんなうれしいことはありません。

目次

苔の話

第1章　コケ学事始め

アオサ（緑藻《りょくそう》）やコンブ（褐藻《かっそう》）で知られる藻類は、水の中をおもな生活場所としています。一方、この本の主役であるコケ植物は、陸上をその住処《すみか》とし、陸上環境に適合したさまざまな形態や習性を備えています。水中から陸上へ進化していった植物の歴史の中では、コケ植物はより進化した高等な植物だといえます。しかしながら、コケ植物には地面から水を吸い上げる根がみられず、また水や栄養分を体内に行き渡らせ、体をしっかりと支える役割を果たす維管束《いかんそく》も発達していません。コケ植物は、まさしくこの点において他の陸上植物、つまりシダ植物や裸子《らし》植物（イチョウやマツの仲間で種子をつくるが果実はできない）、あるいは被子《ひし》植物（花と果実をつける植物）よりもずっと原始的な段階にとどまっている植物であるといえます。藻類とコケ植物をまとめて下等植物と呼ぶことがあるのはそのためで、コケ植物は陸上植物の仲間の中では最も下等なのです。ただし、「下等」とはいってもそれは起源がより古いというだけの話で、程度が低いという意味ではありません。いま目の前にあるコケたちには誕生以来の何億年もの歴史があり、その歴史を通じて厳しい生活環境の中でしっかりと生きてゆくための精一杯の工夫を進化させています。この本ではコケ植物にまつわるさまざまな事柄を説明してゆくわけですが、なるべく専門用語を使わずに、そしてできるだけわかりやすく説明することを心がけようと思います。そのためには多少回り道になるかもしれませんが、コケ植物とはいったいどんな植物なのか、ほかの植物と比べてどこにその特徴があるのか、まずはそこから話を始めることにしましょう。そしてコケ植物に特有の生活の仕方、分類へと話を進めてゆきます。

本題に入る前に、用語についてひと言。一般にはコケのことを苔と表記することがあります。一方、植物学では蘚苔類《せんたいるい》あるいはコケ植物という用語を用いるのが普通です。みな同じ意味なのですが、植物学で苔という言葉を使わないのは、のちに述べるようにコケ植物には蘚類、苔類、ツノゴケ類の三つの仲間があり、苔と書くと苔類との区別ができなくなるのがその理由です。この本ではおもにコケ植物あるいは蘚苔類という用語を使い、誤解が生じない場合にかぎって苔あるいはコケと表記することにします。

根を持たず胞子で増える

苔という言葉を聞いたとき、どんなイメージが湧くでしょうか。苔庭のしっとりとした苔を思い浮かべるかもしれません。このような好ましいイメージとは逆に、薄暗い湿った地面や石垣にへばりつくように生えている小さい植物、あるいは植えた覚えもないのに勝手に生えてくる厄介者というものかもしれません。夏のあいだ庭の水やりを絶やさなければ、次の春には苔が自然に生えてくるのは確かです。庭石に苔をつけたいと思うならば、毎日水やりを欠かさないことが大切だと教わったこともあります。これらの好ましくない印象が示すような、湿った場所を好むものが多いこと、そして体が小さいこと、知らないあいだに増えてくることは、実は確かに苔の本質をよく言い当てています。というのも、これらの性質はすべて、コケ植物が最も原始的な陸上植物であることの現れだからです。

コケ植物の体のつくりを見てみると、他の植物と同じように緑色をしていて、茎と葉があります。一見しただけではシダ植物との違いはあまり大きくないように思えますが、コケ植物には「本当の根」がありません。引っ張ってみると根の有無はすぐわかります。コケ植物は何の抵抗もなしに地面から抜けるからです。スギゴケなどでは地面の下を這《は》う根に似たも

表1　コケ植物・シダ植物・裸子植物・被子植物の特徴

	体　制	維管束	繁　殖	子房(果実)
コケ植物	茎と葉	な　い	胞　子	な　い
シダ植物	根，茎，葉	あ　る	胞　子	な　い
裸子植物	根，茎，葉	あ　る	種　子	な　い
被子植物	根，茎，葉	あ　る	種　子	あ　る

のがありますが、それは茎が変形したもので、シダ植物の根茎と同じです。

水を地面から吸い上げるための根を持たないこと以外にも、コケ植物には備わっていない特徴があります。水や栄養を運ぶための維管束を持たないこと、体内からの水分の蒸散《じょうさん》を防ぐためのクチクラ層が発達していないことです。維管束は固い細胞からできていますので、水からの浮力と決別した陸上植物では、あたかも動物の骨のように重力に抵抗して自分の体を支えるうえでも維管束の果たす役割はとても大きなものがあります。こういった特徴は、厳しい陸上環境の中で生きてゆくために、緑藻類の祖先からコケ植物、シダ植物、裸子植物そして被子植物と段階を経て進化を遂げてゆく中で徐々に獲得されてきたものです（表1）。そしてコケ植物というのは、根、維管束そしてクチクラ層がまだ発達していない段階の植物なのです。その意味で最も原始的な陸上植物といわれるのです。

コケ植物のもう一つの特徴に、胞子で増えることがあります。ここでは胞子から始まるコケ植物の一生の様子を、蘚類を例にとって見てみましょう（後で触れるように、蘚類と苔類、ツノゴケ類の間にはかなり大きな違いがあって、話が複雑になってしまうからです）。始まりは一個の胞子です。風に飛ばされて偶然やって来た胞子は、もしそこが適度な水と日光が得られる場所であれば発芽します。発芽すると、まず原糸体《げんしたい》と呼ばれる糸状のもの（苔類やツノゴケ類では少し様子が異なる）が長く伸び、何度も分枝《ぶんし》をくり返して地面に広がってゆきます。注意深い人は、コケが生えてくる場所の地面がまず緑色に染まることに気づいているかもしれません。それは原糸体が繁茂して人の目にも見えるようになった姿なのです。この原糸体のところどころに芽ができて、それが大きくなって葉をつけた茎に育ちます。芽は原糸体の上にたくさんできますから、ある日気づくとコケが密生しているというしだいになるわけです。コケ植物の茎や葉の細胞には葉緑体が含まれていて、盛んに光合成をします。光合成で栄養分をつくり出すという点が重要です。つまりコケ植物の成長には日光が必要なのであって、日の光の差し込まないような真っ暗な洞窟《どうくつ》の中に生えることは決してありません。光をどれくらい必要とするかは種によって違っていて、河原の岩の上のようにひじょうに明るい場所を好むものもあれば、日陰にだけ生えるものもあります。これはシダ植物や種子植物にも明るい場所を好む種と日陰を好む種があるのとまったく同様で、決してコケ植物だけが薄暗い場所を好むのではありません。

受精の仕組みと胞子体

さて十分に育った茎は、ある時期になると生殖器官をつけます。雌の役割をするのが造卵器で、その中には一個の卵がつくられます。雄の役割をするのが造精器です。一個の造精器からはひじょうに多数の精子がつくられます。精子を持つこともまた、コケ植物が陸上生活に十分に適応していない証拠の一つです。精子には鞭毛《べんもう》があって、それを活発に動かすことで水中を泳ぎます。種子植物ではおおまかにいって花粉が精子の役割を担《にな》っています。花粉の優れている点は、大気中を飛べることです。コケ植物の受精のためには、造卵器の中にある卵まで精子は水中を泳いでゆかねばならないのです。雨が降ったときでなければ精子は活動できませんし、精子が自力で泳げる範囲はたかだか数センチメートル程度ですから、受精のことを考えるとコケ植物は体を大きくすることができないのです。

受精した卵は細胞分裂しながら、しばらく造卵器の中で過ごします。これが胚《はい》と呼ばれるものです。これのおもしろいところは、雌と雄のそれぞれから染色体を一組受け取りますから、それまでに比べて二倍の染色体数を持つことです。のちに胞子をつくる際に減数分裂して元の数に戻るわけです。ところで、陸上植物の祖先である緑藻類では胚はつくられません。なぜならば受精後にすぐに減数分裂して胞子になってしまうからです。そのため、コケ植物を含む陸上植物を別名「有胚植物」と呼ぶことがあります。言葉を換えれば、受精卵と減数分裂の間に挿入された、陸上植物段階になって新しく獲得された二倍の染色体数を持つ世代、それが胚というわけです。

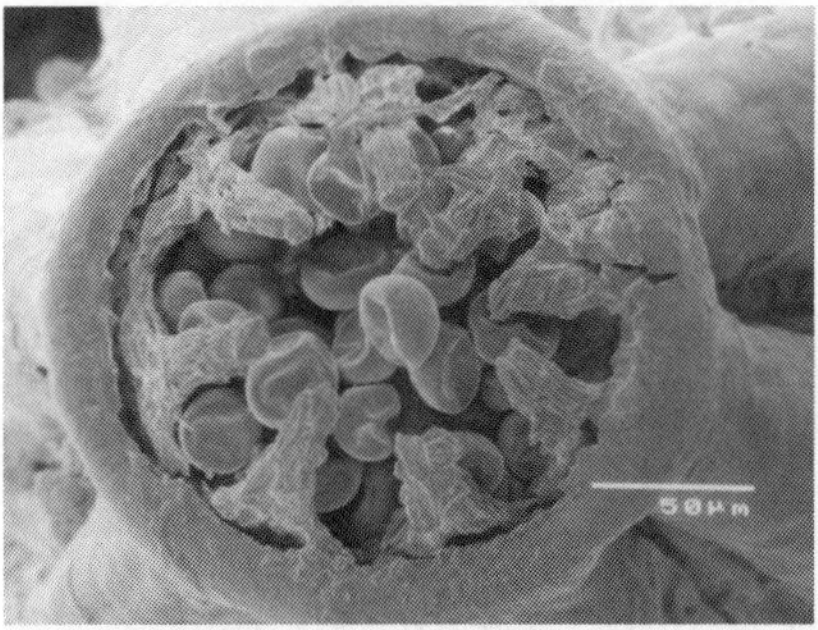

図1　蘚類の蒴歯　走査電子顕微鏡写真．ややつぶれた球形のものは胞子．田中敦司氏撮影

胚は成長すると胞子体になります。特に都会の空き地などでは、春先になるとコケの茎の先に針のように細くてとがった形をしたものが目立つようになります。その先端があるとき膨《ふく》らみ始め、蒴《さく》になります。蒴というのはコケ植物の胞子嚢《のう》のことです。胞子嚢とは胞子の袋の意味で、その中で減数分裂が起こって胞子がつくられているのです。若い胞子は緑色をしていますが、熟すと黒くなることが多いようです（果実の中の種子の成長とよく似ています）。胞子が熟すと、蒴の蓋《ふた》がはずれて胞子が外に飛ばされます。蒴の口の部分には蒴歯《さくし》という特殊な器官があって、空気中の乾湿に対応して開いたり閉じた

りすることで、胞子の出入りをうまくコントロールしています(図1)。

胞子の発芽から原糸体や配偶体の形成、さらに胞子体の成長を経て再び胞子が散布されるまでを追ってみたわけですが、不思議なことに気づかれませんでしたか。ヒントはシダ植物にあります。シダ植物では胞子が発芽すると前葉体が生じ、そこにできた卵と精子が受精して胚ができ、胚が成長して私たちがふだん目にするシダ植物の体(つまり根と茎と葉)ができるわけです。一方、コケ植物として私たちが知っているのは、胞子が発芽してできたそのものなのです。

つまり、私たちがふだんなにげなくコケあるいはシダと呼んでいるものはそれぞれ、

・コケ植物では精子と卵をつくる世代(染色体は各細胞に一組)

・シダ植物では胞子をつくる世代(染色体は各細胞に二組)

であり、世代の異なるものだったのです。染色体を一組だけ持っていて精子や卵をつくるものを配偶体(あるいは配偶体世代)、一方染色体が二組あって胞子をつくる世代のことを胞子体(あるいは胞子体世代)といいます。コケ植物では配偶体が、シダ植物では胞子体が、私たちがいつも目にするものなのです。裸子植物や種子植物でも事情はシダと同じで、木や草はすべて胞子体世代です。そして維管束というのは胞子体だけに備わった器官なのです。

ここにこそ、コケ植物にみられる特殊性の理由が集約されています。背が低いままで大きくなれず、なかなか私たちの目に触れにくいことは、受精に精子が泳ぐための水が必要なこと、そして維管束を持たないことと深く結びついているのです。なにげなく眺めていた木や草、そしてコケ、その背後には生物学的にまったく異なる背景があることに気づくと、彼らを見る目が変わるのではないでしょうか。

戦略としての短い一生

冬場にも青々としている印象があるためか、一般に苔とは常緑のものと思われているようで、コケ植物にも冬枯れする一年性の種があると聞いて少なからず驚かれる方があります。一年性のコケ植物というのは実は珍しいものではなく、日本にあるものだけを考えてみてもかなりの種類があります。なかには西日本の田圃《たんぼ》にごく普通に生えている、葉状体性の苔類ウキゴケ属の一種であるカンハタケゴケのように、晩夏頃に胞子が発芽して翌年の春先には消えるという、数ヶ月でその一生を終える短命のものもあります。またこれは外国の種類ですが、同じウキゴケ属のリクシア・ニグロスクアマータという種では、胞子の発芽から二〜三週間で最初の生殖器官が生じ、六ないし八週間で成熟した胞子をつくって枯れる、さらに短命のものがあることが知られています。

一年性のコケ植物は、その成長の時間が限られることから、そのほとんどは小型の種類に限られ、なかなか私たちの目に触れる機会がありません。あちらこちらに普通にあるのですが、簡単に見過ごしてしまうからです。彼らを見つけるには、刈り入れの終わった田圃に出かけてみるのが一番簡単です。翌年の春早くに耕起するまでのあいだ、目立つ雑草も少なく土の上に生える小さなコケがよく目立つからです。また、田圃の中は光をめぐって競争する相手が少ないために背の低いコケでも十分に光合成をおこなうことができることから、さまざまな一年性コケ植物が生えているのです。あるいは水を落としたため池などでも同様で、干上がった地面やひび割れた土の隙間《すきま》などが絶好の観察場所です。

一年性のコケ植物はその短い生涯のあいだに一回だけ、それも一生の最後の段階になって胞子囊をつくり、胞子を飛ばした後は枯れてしまいます。休眠などによって成長に不適な時期をやり過ごすことができるために、胞子は一般に植物体に比べて乾燥などの厳しい条件により長く耐える力があります。このことから、一年性のコケ植物は、生存に不適な状況が定期的に訪れるような、言葉を換えれば不安定な場所に生えるうえで都合がよいことになります。一方、森林の林床《りんしょう》などのように安定した環境には、何年にもわたって生き続け、毎年のように胞子囊をつくる種類がより多くみられます。蘚類イワダレゴケでは同じ個体が八〇年以上生き続けているという報告があります。なかには石灰岩性の蘚類であるオウムゴケのように、二八〇〇年という年齢が推定されたこともありますが、これはいくらなんでもちょっと信じがたい数字です。いずれにしろ、一年性でも多年性でも植物にとって大切なことは、他の種がやって来る前にできるだけ素早くその場所を占有し居座り続けること、そして自分の子孫でいっぱいにすることにほかなりません。生きる環境が不安定なのか、あるいはずっと安定しているのか、その違いに対する適応の差だということができます。

私にはあまり好ましいことには思えないのですが、植物の生き方を語るうえで戦略という言葉がこの頃は頻繁に使われるようになってきました。戦略は英語の strategy の訳語で、それぞれの種がある特定の環境の中で最も効率的に生活し繁殖する手段のことです。効率的ということはつまりより多くの子孫を残すということですから、その意味で適応的な生き方ということになります。生物学だけでなくビジネス関係の実用書にもよく見受けられることから想像すると、なにかしら最適性への指向があるように思わせるところが戦略という用語が好評の原因なのかもしれません。

コケ植物に話を戻しましょう。そこにみられる生活様式の工夫には、どのような形をとれば最もよく光合成し栄養分を蓄積できるのか、どれだけのエネルギーを投資してどのタイミングで生殖器官をつければ最も確実に受精がおこなえるのか、いつ胞子嚢をつくり胞子を飛ばすのがより効果的か、というところに焦点があります。いつ頃生殖器官（つまり造卵器・造精器です）がつくられ受精が起こるのかという、繁殖に関することはのちほど第4章の「一足早い新緑」のところで詳しく触れる予定ですから、ここでは胞子が発芽してから成長し胞子を飛ばすまでの過程を、生活史戦略の観点からまとめてみることにします。

ドュリングの分類

コケ植物におけるさまざまな生活史戦略をわかりやすくまとめたのが、ドュリング（H. J. During）というオランダのコケ学者です。彼は一九七九年に発表した「コケ植物の生活史戦略概観」という論文の中で、生活史を、それぞれの種が示す寿命の長さ、胞子をどれだけつくるのか、死亡率、繁殖開始の時期、有性・無性生殖の比率といったさまざまな要素が絡《から》み合った複合的な概念と捉《とら》えています。ここでいう寿命とは、先ほど触れた短命、あるいは一年性、多年性といったことです。それぞれの要素を検討したうえで、コケ植物の生活史戦略として六つのカテゴリーを提案しています。彼の分け方はやや細かすぎてわかりにくいところがありますので、ここでは五つに分けて紹介します（図2）。

逃亡者（fugitive）　最適な場所を求めてあちらこちらと放浪するもので、高等植物ではあまりみられない戦略のようです。同じ場所に定着しないことが特徴で、その場所が生育に適さなくなると、翌年には消えてしまうことも少なくありません。日本では焚《た》き火跡などによく現れる蘚類ヒョウタンゴケ、あるいは人間の立ち小便跡などに忽然《こつぜん》と

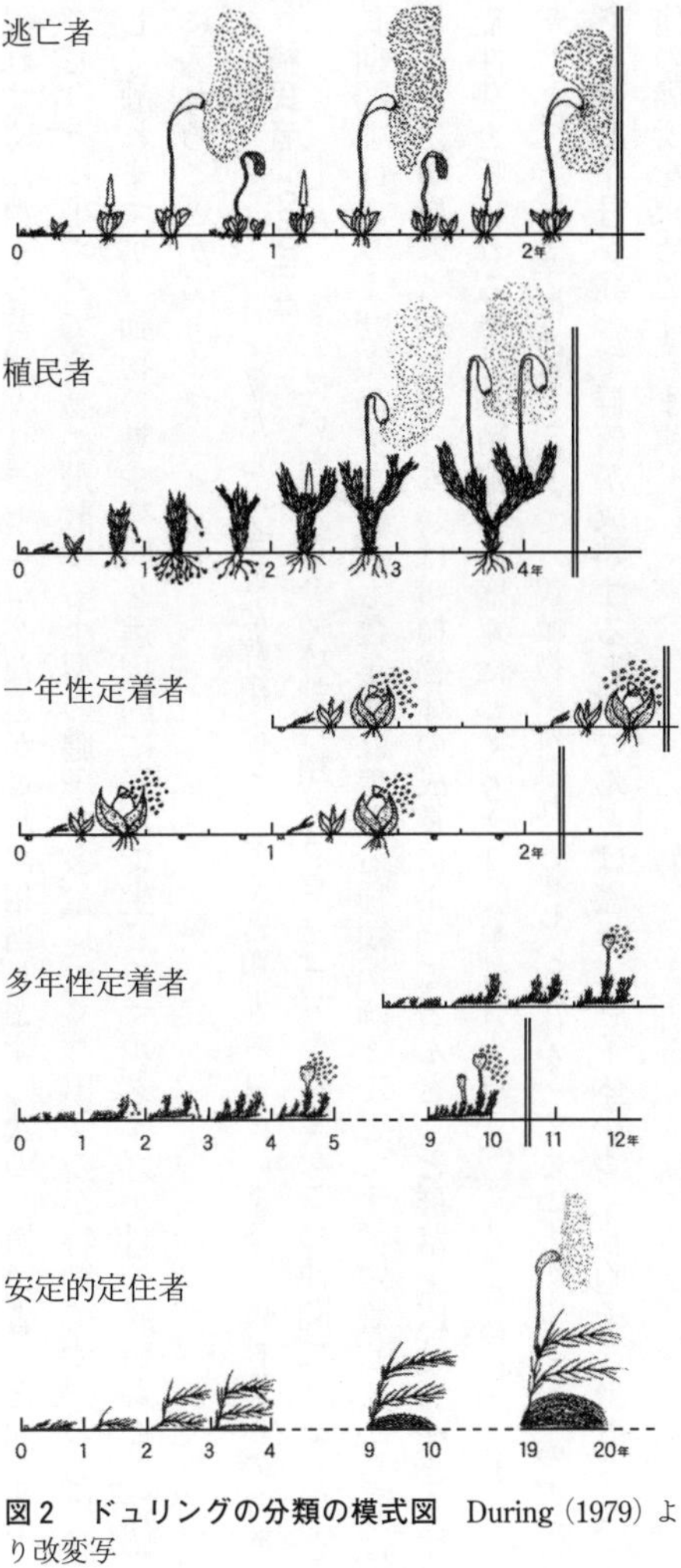

図2　ドゥリングの分類の模式図　During（1979）より改変写

現れすぐに消える苔類ヤワラゼニゴケなどがこれに相当します。次の「植民者」と同じく、ひじょうに小さくて容易に飛散する小型の胞子を多量につくり出すのが特徴です。のちに詳しく触れますが、動物の糞や死骸《しがい》を選択的に好んで生じるマルダイゴケ科の蘚類もこの範疇《はんちゅう》に入れることができます。

植民者（colonist）　私たちに身近な蘚類ギンゴケや苔類ゼニゴケ、あるいは林道ののり面にいち早く入り込む苔類アカウロコゴケなどがこの仲間で、それほど長期間ではありませんが少なくとも数年間は生きる種類がほとんどです。定着してからしばらくは生殖をおこなわず、もっぱら植物体の成長によってどんどんと群落を広げてゆきます。無性芽と呼ばれる無性繁殖器官も盛んにつくります（無性芽とはヤマノイモの蔓《つる》につくむかごやサトイモの子芋にあたるもので、親植物から離れて新しい個体をつくることができるものです）。ある程度年月が経って群落が成熟すると、こんどは盛んに胞子体をつくり胞子を飛散させ、他の場所を求めてゆきます。

一年性定着者（annual shuttle）　カンハタケゴケのような短命なものや一年性、あるいは二年性のもので、遷移《せんい》のどの段階にでも入り込む種類がここに含まれます。有性生殖だけをおこない、無性生殖が稀《まれ》なのも特徴的です。胞子はやや大型で遠くに飛ぶことはなく親の近くに落ちますので、同じ場所に生き続けますが、一年のうち乾燥や低温など成長に不適な時期には植物体は消えて、胞子でやり過ごします。

多年性定着者（perennial shuttle）　一年性定着者とは違って長期間にわたって安定した生育環境に生え、胞子が発芽して三年以上経ってから胞子体をつくり始める種類がここに入ります。群落の維持には群落内でつくられた胞子体から新たに供給される胞子と植物体の両方が貢献しています。ただし、次の「安定的定住者」の場合と違うのは、木の幹や枝など生育場所そのものがある程度年月が経つと失われ終末を迎えてしまうところです。熱帯の霧のかかる場所に発達する蘚苔林では木の枝が厚く苔に覆《おお》われていますが、あるとき枝が重みに耐えきれず折れて苔をつけたまま落下してしまいます。まさに終焉《しゅうえん》といえます。

安定的定住者（perennial stayer）　八ヶ岳の針葉樹林の林床は、蘚類のイワダレゴケやウマスギゴケなど、数十年以上にわたって生き続ける種類によって埋め尽くされていることがあります。このようなひじょうに長い期間にわたって安定した場所に生育する、長命の種類がこの範疇に入ります。湿原を形成するミズゴケ類もここに含まれます。

分枝で年齢を推定する

どうでしょうか。みな同じように見える苔たちにも、それぞれの種ごとに実に多様な生き方があるらしいことを感じていただけたのではないかと思います。さらにもう少し詳しく、長命な種類の例として取り上げたウマスギゴケとイワダレゴケの様子について見てみることにしましょう。

ウマスギゴケは近縁のオオスギゴケとともに苔庭にもよく使われている蘚類で、みなさんもよくご存じかと思います（ただこの二つはお互いによく似ていて、肉眼で見分けることは専門家でも困難です）。この苔はふんわりとした群落をつくりますが、一本の茎を引き抜いてみると、先端から数センチメートルの緑色をした部分の下に、ずっと長い茶色の茎が隠れていることがわかります（ウマスギゴケの茎は成長すると倒れて先端部だけが立ち上がっていることが多いようです）。この茎をよく見てみると、ついている葉の密度と大きさが場所によって異なることに気づきます。小さい葉が詰まってついている短い部分と、大きな葉がやや離れてついている長い部分が交互に位置しているのです。これは春から夏にかけての成長に適した時期には盛んに茎が成長するのですが、冬季にはそれが鈍ることからこのような違いが生じます。あたかも木の年輪のようなものです。これを使えば一本の地上茎の年齢をある程度推定することも可能です。ただしスギゴケの仲間は地下茎を盛んに伸ばしてそこからいくつもの地上茎を出しますので、群落全体としての年齢を推定することはできないようです。

イワダレゴケは土や岩の上を這う大型の蘚類で、少し標高の高い針葉樹林の林床などでは一番目立つ種類です。この苔は茎の途中から新しく次の年の茎が生じるのが特徴的で、その結果階段状になった独特の外観をしています（図3）。一年に一回このような分枝が起こりますから、分枝の回数を数えることでウマスギゴケの場合よりもさらにはっきりと地上茎の年齢を知ることができます。このように次の年の茎（茎だけでなく葉もついていますから、植物学的にはシュート〔shoot、苗条《びょうじょう》〕というのが正確な言い方です）が、前の年の茎の途中から出ることを仮軸《かじく》分枝と呼びます。イワダレゴケではこの分枝が地面の上で生じていて容易に観察することができますが、コウヤノマンネングサやフジノマンネングサ、あるいはオオカサゴケなどといった大型で地上茎が立ち上がる蘚類では、新しい

図3　イワダレゴケ　階段状に茎が伸びて成長する

シュートが地面の下に隠れている地上茎の根元部分から出ます。この新しいシュートは地面の下を長く伸びて地下茎状になり、春になると先端が立ち上がって新しい地上茎になります（一五九頁の図22参照）。

イワダレゴケやコウヤノマンネングサでは、それぞれの地上茎が三年ほどは緑色を保って光合成をおこないますが、それ以上に古くなると茶色に変色して役目を終えるようです。丁寧に掘り取ると、六、七年分の地上茎がつながっている様子を見ることができます。あまり古くなると腐ってしまい、それ以上は追跡することが難しくなります。もしかすると、林床を一面に埋め尽くしているイワダレゴケも、そのおおもとはたった一つの胞子から増えて育ったものなのかもしれません。まるで地下茎でどんどん増えてゆく竹林のようです。

陸上植物の起源の謎

コケ植物の分類について触れる前に、まず簡単に陸上植物の起源について整理しておきましょう。もともと地球の大気は、メタンガスや二酸化炭素などがおもな成分で、その中に植物や動物が呼吸に使う酸素はほとんど含まれていませんでした。光合成をするバクテリアが海水中に生まれると、バクテリアが光エネルギーを使って水を分解し、その結果生じた酸素が、無数の泡となって水中から大気中へと放出されました。最初の頃の酸素は、そのほとんどすべてが鉄の酸化に消費されてしまいました。酸化された鉄は沈殿し、いま各地で採掘される鉄鉱石をつくり出したのです。鉄の酸化が終わったのち、なおつくり続けられた酸素はしだいに大気中にたまってゆきました。まだ陸地にはどんな生物も存在していなかった頃のことです。その頃の陸地は風の音がするほかはまったく無音の、赤茶けた不毛の土地であったはずです。その一方で、水中には藻類の仲間が繁茂していました。

ある程度酸素が大気中に蓄積されたのち、大気圏の高層に達した酸素がオゾンへと変化し、地表に降り注ぐ有害な放射線を防ぐ役割をするようになりました。オゾン層の誕生です。この段階になってようやく生物が海水中から陸上へと進出する準備が整ったのです。

藻類の祖先から枝分かれして、陸上へと姿を現した最初の植物がどんな形をしていたのか、化石から知ることができます。一番古いと考えられているのが、古生代シルル紀(約四億三〇〇〇万年前頃)の地層から知られているクックソニアです(図4)。体長はおよそ数センチメートル、二股に分枝した茎には葉がなく、単なる軸のよ

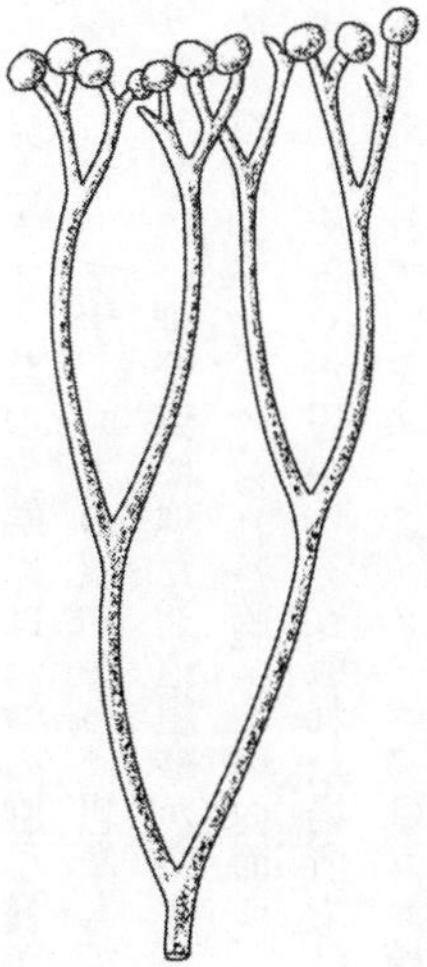

図4　クックソニア　西田(1998)より改写

うに見えます。茎の先端には一つの胞子嚢がついており、風によって胞子を散布させたことを示しています。いまの植物からは想像もできない、単純かつ奇妙な姿が特徴的です。クックソニアには維管束に似た通道組織があり、また茎の表面に気孔を持ち、胞子嚢の中には減数分裂によってつくられた胞子（内向面に三つの稜《りょう》があることからそう判断できます）がありました。おそらく水辺からそう離れた場所ではなく、湿地のような場所に生えていたのだろうと考えられています。クックソニアはコケ植物の直接の祖先とは考えにくく、いまのところしっかりとした化石の証拠からはシダ的な植物が最も古い陸上植物だろうということになっています。とはいっても、クックソニアにはすでに通道組織や気孔、そしてなによりも風散布の胞子が備わっていることは、陸上環境への適応がかなり進んだ状態にあることを示していますから、最初の陸上植物はそれよりもずっと以前に出現していたはずです。最初に陸上に進出したのがコケ植物の祖先であったのか、あるいはシダ植物の祖先であったのか、本当はまだあまりよくわかっていません。コケ植物は高等植物の細胞壁を形成する主成分の一つであるリグニン（ひじょうに固い物質で、木材がしっかりとしているのはこの成分のおかげです）を持っていません。そのため化石になりにくいと考えられています。もしコケ植物の祖先が古い時代にすでに存在していたとしても、その証拠となる化石が地層の中に残される可能性は高等植物に比べて低いのです。しかしながら、シルル紀から三〇〇〇万年ほどさかのぼる四億六〇〇〇万年前のオルドビス紀の地層からは、表皮の断片や三稜性胞子の化石が見つかっており、これらはもしかするとコケ植物の祖先を指し示しているのかもしれません。いずれにしろ、それから五億年近い年月が経過して、いま私たちが目にする緑あふれる陸上生態系の姿が形作られたのだと考えると、不思議な気分になります。

蘚類、苔類、ツノゴケ類

長い進化の歴史を通じて進化を遂げてきた結果、現在のコケ植物には大きく分けて三つのグループ（分類群）が認められます。それは蘚類、苔類、そしてツノゴケ類です。ツノゴケ類と苔類を一つにまとめる考え方もありますが、後述するように苔類とツノゴケ類はさまざまな点で異なっていますので、いまでは両者を分けるのが一般的です。これら三つの分類群が、蘚苔類という一つのよくまとまった群（これを単系統群と呼びます）を形作っていることは、誰もが長いあいだ疑いませんでした。それは、胞子で増えること、配偶体世代が優占していて胞子体は配偶体に半ば寄生すること、維管束を持たないこと、そして根がないこと、そういったきわめて重要な特徴をこれら三つの分類群が共有しているからです。しかしながら、最近になって分子系統学を利用した系統推定についてたくさんの研究成果が出てくると、どうやらこの三つの群はお互いにそれほど近縁ではないらしいということが明らかになりつつあります。少なくとも蘚類と苔類はかなり類縁の遠いもののようです。蘚苔類は雑多なものの寄せ集めだという見解を初めて聞いたとき、私はさほど不思議に感じませんでした。蘚苔類が単系統群ではないということが、日頃から実物に触れ培われてきた実感とうまく合致するものだったからです。蘚類と苔類はあまりに違っているのです。不思議なことに、ごく少数の例外を除いて、これまでに現れたどんな専門家でも蘚類と苔類（ツノゴケ類を含む）の両方に詳しい人はいませんでした。かくいう私も専門は蘚類の分類学ですが、苔類はおもだった仲間がわかる程度です。もちろんこれが蘚類と苔類が遠縁であることの科学的な根拠と主張したいわけではなくただの印象なのですが、それほど的はずれではないぞと密《ひそ》かに考えています。シダ植物も以前はよくまとまった仲間だと考えられていましたが、現在では無葉類（マツバラン）、小葉類（ヒカゲノカズラやトウゲシバ）、楔葉類《きつようるい》（ツクシやトクサ）、そして大葉類（ワラビやウラジロなど、私たちがふだんシダと呼んでいるもの）に分けられています。同じことがコケ植物の分類でも起こるかもしれません。かなりの確率でコケ植物はまとまった分類群ではないらしい、これをみなさんの頭のどこか片隅に置いておいてもらえればと思います。

類縁がないといっても、見かけが似ていることは事実です。ここでは蘚苔類植物門という

表2　蘚苔類の分類体系

蘚　綱（蘚　類）	ミズゴケ亜綱	1科　2属　約200種
	クロゴケ亜綱	1科　2属　約120種
	ナンジャモンジャゴケ亜綱	1科　1属　2種
	マゴケ亜綱	約100科　約700～900属 約10, 000～12, 800種
苔　綱（苔　類）	ウロコゴケ亜綱	約60科　約330属 約5, 000～7, 800種
	ゼニゴケ亜綱	13科　30属 約250～450種
ツノゴケ綱（ツノゴケ類）	ツノゴケ亜綱	2科　5属　約150種

科・属・種の数はCrum（2001）およびSchofield（1985）の記述にもとづく

枠組みをとりあえず認め、その下に蘚類、苔類、ツノゴケ類のそれぞれを独立の綱として扱うことにします。ちなみに門や綱というのは分類群の階層の上下を示す用語です。このランクは、一番下の種《しゅ》から始まって属《ぞく》－科《か》－目《もく》－綱《こう》－門《もん》という順番になっています。それでは、蘚類、苔類、ツノゴケ類それぞれの特徴と代表的な種類を見てみましょう。煩雑になりますので、概要を表2にまとめてみました。

蘚類には四つのグループ（亜綱）があります。ほとんどの種がマゴケ類（亜綱）に入り、ミズゴケ亜綱、クロゴケ亜綱、そしてナンジャモンジャゴケ亜綱にはそれぞれ一つの科しかありません。蘚類の分類では、大まかなグループ分けには胞子体、特に蒴歯の形状が重視されます。もちろん配偶体のつくりもかなり異なっています。

「ミズゴケ亜綱」は湿地や湿原に生育する仲間です。これまで世界におよそ二〇〇種が知られています。一番の特徴は、葉の細胞には大型で中身のない透明細胞と、この透明細胞に挟み込まれたようにしてある緑色細胞の二種類あることです（一二八頁の図18参照）。

「クロゴケ亜綱」はクロゴケ科だけからなり、クロゴケ科には二属が知られています。亜高山帯、高山帯の、日のよく当たる露岩上にしっかり張りついて背の低いマットをつくっています。

「ナンジャモンジャゴケ亜綱」は一科一属二種だけの小さな分類群です。日本人研究者によって北アルプスで採集された標本にもとづいて報告された、ひじょうに原始的な、他に似たもののない蘚類です。長いあいだ苔類と考えられてきたのですが、最近胞子体が見つかり、蘚類の仲間であることが判明しました。北半球の寒冷な地域に分布していますが、熱帯地方でもボルネオ島キナバル山の三〇〇〇メートル付近から見つかっています。日本には雌植物しかなく、まだ胞子体が見つかっていません。

「マゴケ亜綱」は蒴の開口部に蒴歯が発達するグループです。最も多様に分化した、蘚類のほとんどの種類が含まれる大群で、蒴歯の形や植物体の形態も変化に富み、それらの特徴によってたくさんの目に分けられています。

いくつかの例外もありますが、マゴケ類を理解するうえで役立つのが頂蘚類《ちょうせんるい》・腋蘚類《えきせんるい》という分け方です。頂蘚類は胞子体が茎の先端につく仲間で、基本的に茎が立ち上がります。中学校や高校の教科書で蘚類の代表として取り上げられているスギゴケの仲間、あるいは苔庭に多いホソバオキナゴケをイメージしてもらえばわかりやすいでしょう。腋蘚類というのは胞子体が短い枝の先につく仲間で、植物体が地面を這うのが特徴です。ハイゴケやツヤゴケといったように、地面の上を広がる種類の多くが腋蘚類です。

苔類には大きく分けて二つの仲間があります。一つはゼニゴケ亜綱で、植物体は平べったい葉状をしており、これはスギゴケと同じく苔類の代表として学校で教えられることが多いので比較的よく知られています。もう一つはウロコゴケ亜綱ですが、この仲間は蘚類と同じように茎と葉の区別がある形をしているものがほとんどです。ただ、なんとなく蘚類とは色合いや見た感じの柔らかさが違いますので、慣れれば蘚類と間違うことはほとんどありません。

「ウロコゴケ亜綱」はほとんどの種類で茎と葉がしっかりとわかる形をしています。特に、二列につく側葉と茎の裏側に一列に並ぶ腹葉と、葉がはっきりと三列に並んでいるのが良い特徴です。また葉は深く切れ込んでいることも多く、これも蘚類と違う点です。それぞれの細胞の中には油体《ゆたい》と呼ばれるまだ正体のよくわかっていない小さな顆粒《かりゅう》が含まれていて、これが種を識別する際にとても役立ちます。この油体は死ぬと崩れてしまいますので、生きているうちに顕微鏡で観察しなければなりません。

ウロコゴケ目には多数の科が知られていますが、クサリゴケ科という一つの科で属と種の半数以上を占めています。この不均衡の理由は、クサリゴケ科には葉上着生《ようじょうちゃくせい》という特殊な適応を遂げたものが多数含まれていることと関係しているようです（第2章「極寒の極地から熱帯雨林まで」参照）。クサリゴケ科は小さい種類が多くてなかなか見つけにくいのですが、のちほど第3章「味と匂いの不思議な成分」で取り上げるカビゴケは、その独特の匂いで目に見えなくても存在に気づくことができるおもしろい例外です。

「ゼニゴケ亜綱」は分類群の名前からも想像できるようにゼニゴケがその代表なのですが、近年ゼニゴケはあまり見かけなくなりつつあります。みなさんがゼニゴケだと思っている苔は、実は別物でフタバネゼニゴケ（ゼニゴケと同じ属です）、あるいはジャゴケや帰化植物のミカヅキゼニゴケであることが多いようです。一度図鑑で調べてみてください。慣れると区別するのは容易です。また、ジャゴケは手にとって嗅《か》いでみると独特の臭みがありますのですぐわかります。

平べったい葉状の植物体がゼニゴケ亜綱の一番の特徴ですが、実はウロコゴケ亜綱の一部にも同様な葉状体を持つものがあります。ウロコゴケ亜綱とゼニゴケ亜綱の葉状体の違いは、同化組織の有無と胞子体がどこにつくかという点にあります。ゼニゴケ亜綱の植物では、葉状体の上面に、気室と呼ばれる空間と、葉緑体をたくさん含んで光合成をおこなう糸状の組織（同化糸）があります。

「聞いたことはあるが実際に見たことがない」という点では、ツノゴケはなじみのない植物の代表といえるのかもしれません。細長い角形をした胞子体が特徴的な苔です。ごく小さなグループで、世界に一五〇種ほどしか知られていません。その変わった胞子体の形態から、最も原始的な陸上植物ではないかと考えられたこともありました。

ツノゴケ類はすべて葉状体で、胞子体がなければ苔類と間違えやすいのですが、顕微鏡で細胞を見てみると、苔類の葉緑体は小さな粒が多数あり、ツノゴケ類では一〜二個の大きな葉緑体が目立ちます。この大きな葉緑体と似た構造は緑藻類にも知られており、これがツノゴケ類が陸上植物としては最も古い仲間ではないかと疑われた一つの原因でもありました。

なかなか見る機会のないツノゴケ類ですが、冬のあいだに田圃や畑で探すとニワツノゴケやナガサキツノゴケ、あるいはツノが目立たないツノゴケモドキを見つけることができます。山間のあまり日の差さない渓流でも、濡《ぬ》れた岩の上にアナナシツノゴケが大きな群落をつくっていることがよくあります。なかにはキノボリツノゴケのように変わった生態を持つもの

表3　蘚類・苔類・ツノゴケ類の特徴

	蘚　類	苔　類	ツノゴケ類
原糸体	糸状でよく分枝する	塊状や盤状	塊状や盤状
植物体	茎葉体	葉状体，茎葉体	葉状体
葉	多列につく	通常2列(ゼニゴケ類は除く)	な　い
仮　根	多細胞	単細胞	単細胞
細胞内の油体	な　い	あ　る	な　い
葉緑体	多　数	多　数	1細胞に1～2個
蒴　柄	固くてゆっくり成長する	軟弱で急激に伸びる	な　い
蒴　歯	通常ある	な　い	な　い
弾　糸	な　い	あ　る	あ　る

があって、名前のごとく木の幹や枝、あるいは生きている葉の上だけに見つかるものもあります。

さて、蘚類、苔類、ツノゴケ類の特徴についてざっと見てきたのですが、最後にこの三つの仲間の見分け方について説明しておきます。すでに触れたようにお互いにそれほど類縁があるわけではありませんから、慣れると間違えることはほとんどありません。ただ、学校ではスギゴケ（蘚類）＝茎と葉があって直立する、ゼニゴケ（苔類）＝平べったい葉状体と教えているために、特に葉と茎を持つ苔類ウロコゴケ亜綱について蘚類との違いがあまりよく理解されていないという傾向があります。

もし顕微鏡が気軽に使える環境にないのでしたら、ハンドルーペあるいは虫眼鏡で茎の裏側をじっくりと見てください。左右一対の葉に加えて、茎の裏側に沿ってさらに葉が一列に並んでいたとしたら、それは苔類です。また、それぞれの葉が深く切れ込んでいるのであれば、それも必ず苔類です。なぜかはわかりませんが、蘚類では葉が深く切れ込むことがごく一部の例外を除いてありません。そのほか、胞子散布の手助けをする糸状の組織（弾糸《だんし》といいます）が胞子嚢の中につくられるかどうかなど、多くの点で三つの仲間は異なっています（表3）。

オスとメスの不思議な関係

人間を引き合いに出すまでもなく、ほとんどの動物に雄と雌の二種類の性があることはよく知られています。性を決定するのは遺伝子で、それは染色体上にあります。性に関する遺伝子が乗っている染色体のことを性染色体と呼びます。たとえば私たち人間では、常染色体と呼ばれる二二対からなる合計四四本のほかに、雄にはX、Yと呼ばれる性染色体が各一本ずつ、雌にはXが二本あります。もちろん植物にも動物と同じように性があり、性染色体によって支配されています。ただ植物には雌雄同株のものがけっこう多くありますので、とりわけ私たちになじみの深い哺乳類《ほにゅうるい》や鳥類の場合とは違って、その雌雄の現れ方（雌雄性といいます）はかなり複雑です。コケ植物における性表現を見てみることにしましょう。

性表現のあり方を大別すると、雌雄異株と雌雄同株に分かれます。雌雄異株とは精子をつくる造精器をつける雄植物と、卵がつくられる造卵器をつける雌植物とが別の個体となることで、これは動物の場合に似ているので理解が容易です。一方、雌雄同株は造精器と造卵器が同じ個体上につくられる場合です。ただしコケの場合、地下茎や仮根《かこん》系（仮根が複雑に絡み合ったネットワークで、そこから茎が生じてくることもある）によって地下部がつながっていることもあるために個体の識別が難しいことや、成長段階や生育環境によって雌雄同株にもかかわらず雄・雌どちらかの性しか示さない場合がありますから、ある種が雌雄異株なのかそれとも同株なのかを判断するのはなかなか容易ではありません。ちなみに同株である場合は、同じ茎の上に造精器と造卵器の両方が見つかれば迷うことなくそう判断できます。

よく考えてみると、ここで一つ問題が生じることがわかります。コケ植物では私たちが植物体と呼んでいるものが配偶体であり、通常は染色体のペアを一組しか持たない半数体です（ちなみにシダや被子植物など他の陸上植物では植物体は胞子体で、通常は染色体を二組持つ二倍体です）。もし性染色体で性が決まっているのだとすると、どうやって雌雄同株になりえるのでしょうか。何か別の要素が関わっているのかもしれません。性決定のメカニズムは詳し

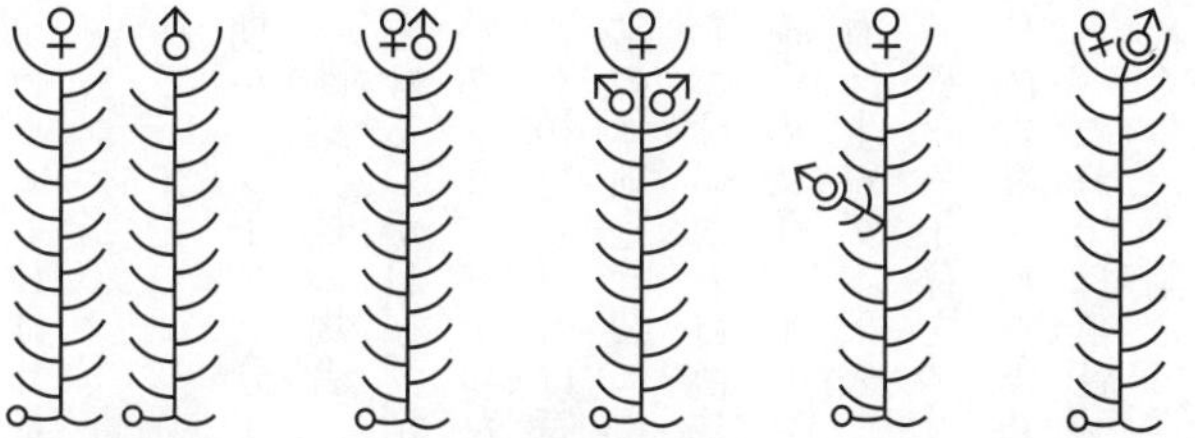

図5　コケ植物の雌雄性　安藤(1979)より改写

く触れると難しくなりますので、ここでは深入りせず性表現のあり方についてだけ取り上げることにします。

さてもう一方の雌雄同株の場合、生殖器官のつく場所によってさらにいくつかのタイプに分けることができます（図5）。コケ植物の場合、造卵器が普通葉と酷似し裸出しているナンジャモンジャゴケ属を除けば、生殖器官は必ず葉が変形した器官（包葉）によって保護されています。造卵器と造精器がともに同じ包葉内に混成する場合、これを雌雄同包（共立）同株といい、異なる包葉内にある場合を雌雄異包（独立）同株といいます。異包の特殊な場合、つまり茎の先端に造卵器をつけた包葉があり、その直下に造精器をつけた包葉がある場合を雌雄列立同株といいます。雌雄同包同株は蘚類にその例が多く、苔類では知られていません。一方、列立同株は苔類でごく普通にみられますが、蘚類ではごく少数の例外を除いて見つかっていません。雌雄異包は蘚類・苔類どちらにもよくある例です。また、いくつかの性の現れ方が同じ植物体上に混じって生じることもあり、これは雌雄混立同株といいます。さらに雌雄同包同株のごく特殊な例として、蘚類チヂレゴケ属では、雌包葉内に小さな枝が生じその先端に造精器をつける雌雄隠蔽《いんぺい》同株が知られています。この場合、造卵器と造精器はきわめて隣接した位置にありますが、成熟する時期が一シーズン分ずれているためにお互いの間で受精、つまり自家受精は起こりません。

雌雄異株の場合、受精は必ず異なる個体間で起こることになりますが、同株のときに問題となるのが自家受精です。自家受精すれば相手がなくても胞子体をつくることができる利点があります。そのため、高等植物では自家受精する種がたくさん知られています。ところがコケ植物の場合は特別な問題が生じるのです。それは、コケ植物が半数体植物であって、通常の体細胞分裂によって卵と精子がつくられるため、卵も精子もすべて遺伝的には同質だからです。これは高等植物（これは倍数体です）の雌雄同株種が自家受精するのと意味が少し違うのです。もしコケ植物において自家受精によって遺伝的に同質な卵と精子が受精すると、有性生殖が本来果たすべき役割、つまり遺伝的に異なる卵と精子が出会って親とは性質が少し異なる子孫をつくる機能が働かないことになってしまいます。生物は有性生殖を通じて遺伝的な多様性を獲得し、さまざまな環境条件への対応や病気への抵抗性を維持していますから、これでは無性芽をつくって増えているのとなんら変わりがありません。自然界の中でどれくらいの割合でコケ植物に自家受精が起こっているのか、ほとんど研究データがなく、よ

表4　蘚類における雌雄異株・同株の割合

地　　域	雌雄異株	雌雄同株	雌雄異株・同株の両方
日　　本	613 (62.2%)	356 (36.2%)	16 (1.6%)
北米東部	364 (52.8%)	305 (44.3%)	20 (2.9%)
イギリス・アイルランド	382 (57.3%)	265 (39.7%)	20 (3.0%)
ニュージーランド	205 (57.9%)	123 (34.7%)	26 (7.4%)

畦(1986)より（一部省略）

くわかっていません。自家受精を防ぐシステムである自家不和合性（同じ花のおしべとめしべ間、あるいは同じ個体の違う花の間で受精が起こらないようにする性質）についても、コケ植物ではまだ調べられていないのが現状です。野外での観察によると、雌雄同株種の方が異株種よりもはるかに胞子体をつけている頻度が高いようです。このことから判断すると自家受精は例外的な現象ではなく、ごく普通に起こっている現象だろうと思われます。いずれにしろ、コケ植物の不思議な振る舞いの一つの例です。

コケ植物の中に雌雄異株と同株の種はそれぞれどれくらい割合を占めているかといいますと、蘚類だけを対象にしたものですが、表4のような結果が出されています。日本では蘚類の約六割が雌雄異株で、苔類も同じ程度のようです。調べられた四地域では、いずれも雌雄異株種の数が多くなっています。またごく少数のものでは同じ種の中に異株と同株の両方が知られているものがありますが、これは先ほど触れました調査の精度の問題と、染色体数の倍数化によって雌雄異株から同株へと性表現が変化した場合が含まれているためと思われます。また、緯度によってそれぞれの割合にあまり差がないこともわかります。雌雄異株種の中には、これまでに一方の性しか見つかっていないものや、雄と雌が遠く離れた場所にしか知られていない例もあります。たとえば苔類のチチブイチョウゴケでは雄は東アジアとヒマラヤから、雌は北米からだけ報告されています。これは以前は広く分布していたけれども、地史的時間の経過のなかで雄と雌が地理的に分断されてしまった結果なのでしょう。原始的なコケ植物として有名なナンジャモンジャゴケが、日本では雌しか発見されていないのも同様な例でしょう。また、移動が激しい帰化植物でも、ある場所では雌雄どちらかしか見つからないものが少なくありません。オーストラリアが原産地と考えられている蘚類のコモチネジレゴケは、北米では雌、ヨーロッパでは雄だけが見つかっています。コモチネジレゴケは無性芽で旺盛《おうせい》に繁殖しますが、無性的な繁殖手段を持っている種では案外多いことなのかもしれません。

胞子が発芽すると原糸体をつくり、そこから植物体が形成されますので、雌雄異株の種では胞子の段階で雄と雌が分化しており、それが一つの胞子嚢の中に混じって存在していることとになります。外形からは判別できず胞子を育ててみないとその雌雄はわからないのですが、ごく少数の種については、一つの胞子嚢の中にできた胞子に大小二つの胞子があって性差がはっきりしていることがあります。性の違いによって胞子の大きさが異なっており、大きい胞子が雌植物に、小さい胞子が雄植物になります。これは異型胞子性と呼ばれる遺伝的に定まった特徴で、ある種はいつも必ず異型胞子をつくります。蘚類だけに知られており、苔類とツノゴケ類ではまだ見つかっていません。この胞子を実験的に発芽させ育ててみると、とても奇妙なことが起こります。大きな雌胞子は通常の植物体へと育つのですが、小さな雄胞子からはひじょうに小型で、重量比でいえば雌植物の数百分の一にしかならない雄が育ってくるのです。このようなきわめて小型の雄のことを矮雄《わいゆう》といいます（図6）。矮雄は数ミリメートル程度の大きさで、数枚の葉をつけるだけであとはほとんどが生殖器官、つまり体のほとんどを造精器が占めています。栄養成長の段階を大幅に省略し、いち早く成熟することによって、いわ

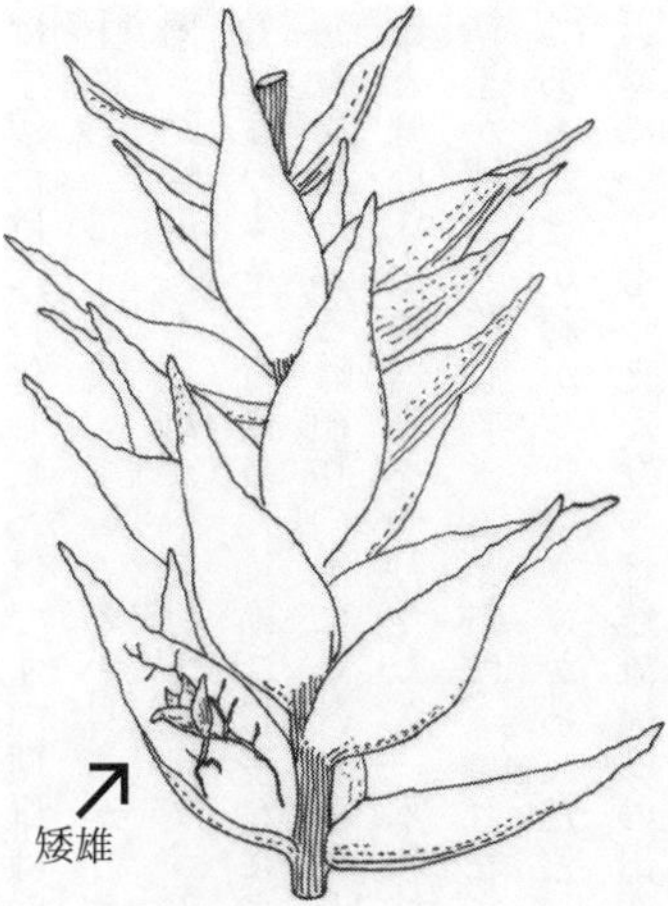

図6　雌植物と，葉の上で生育する矮雄
Fleisher（1900-1922）より改写

ば生殖だけに特化したわけです。矮雄は胞子体をつけた雌植物を丁寧に調べてみると、葉の上にちょこんと乗っているのが見つかります。胞子はどこにでも飛んでゆきますから雌から離れた場所にも矮雄がいるはずなのですが、あまりに小さいために見つけるのは困難ですし、なによりもそんな離れた場所では受精に参加する機会はないでしょう。つまり、胞子を飛ばした母親である雌植物の上にこぼれ落ちたときにだけ役立つわけで、いってみれば別個体の雄とはいえ生殖器官をつけたただ一本の枝のような存在なのかもしれません。しかしながら、精子が卵へと移動できる距離は、これまでの観察によればせいぜい一〇センチメートル程度であることがわかっていますから、たとえそれが自分の腹を痛めた息子であったとしても、近くにいてもらえるならば雌雄異株の母親にとっては受精の機会が格段に増えることには間違いがありません。

実は、雌雄で胞子の大きさが異ならない同型胞子をつける種でも矮雄という現象が知られています。この場合はもっと事情は複雑になります。雄胞子は地面に落ちたときには普通に成長し、雌植物と変わらない通常の大きさの雄植物に育つのですが、運悪く雌植物の上に落ちたときにだけ矮雄になるのです。実験の結果、これは雌が出す植物ホルモンによって矮雄へと強制的に変化させられるのだということがわかっています。なぜこのような仕組みが発達してきたのかとても不思議なのですが、矮雄について詳しく研究された畦浩二《うねこうじ》博士の研究によると、ヤマトミノゴケという蘚類では、通常の大きさの雄植物に比べて、雌の体に保護された矮雄の方がより寒冷な地域まで分布域が広がっているのだそうです。熱帯に起源したコケ植物が、北へとその分布域を広げる際に、苦しまぎれに発達させた性質なのかもしれません。

なぜ名前がわからないのだろう

分類学の分野で日常的に使う専門用語の一つに、「同定」という言葉があります（英語ではidentificationといいます）。長く分類学にたずさわっていると、つい普通に使われる言葉と思い込んでしまうのですが、人からその意味を問い返されるたびに、一般にはほとんどなじみのない特殊な用語だということに気づかされます。いわゆる身内だけに通じる言葉の一種なのでしょう。それはともかく、同定というのはある植物の標本を検討しその正体、つまり身元を明らかにすることです。目の前の植物が、これまでに報告されている種のどれに相当するのか、あるいはごく稀な場合ではありますが、既知種のどれとも合致しない新種であることを、利用可能なさまざまな手段を使って決めることなのです。同定をおこなう際には、たとえば葉の形や生えている毛の状態、枝分かれの様子など（これら注目する特徴のことを

「形質」と呼びます）が、どのような状態であるのか（これを「形質状態」といいます）に注意を払います。一つの個体には数多くの形質がありますから、そのいずれに注目するのか、あるいはどの部分を手がかりとするのかは対象となる植物によって違いますし、また観察する人のセンスが問われるところでもあります。あるときには肉眼で容易に見ることのできる形質、たとえば花弁の数や葉の切れ込み具合であるかもしれませんし、また（私としてはあまり愉快なことではありませんが）精密化学装置を使わなければ判別できない特定の化学成分の有無であるかもしれません。ふだん私たちが野外で植物の名前を調べるときには、もちろんこんな大げさなことをするわけではなくて、図鑑の絵と比べたり、書かれている記述に合致するかを調べるわけです。

図鑑を引いても名前がわからないという経験は、どなたにもあるかと思います。似たものが見つからなかったり、それらしいものがいくつもあってそのどれにあたるのか決められなかったりします（図鑑の出来がお粗末という可能性もなくはありません）。ここでは「なぜ自分には名前がわからないのだろうか」ということについて考えてみます。そこには大きく分けて三つの原因があるのではないかと私は思います。一つは単純なものなのですが、残りの二つには植物のありようというか生物の本質が大きく関わっているように感じています。

まず最初は、本人の知識不足が原因の場合です。図鑑を何度も眺めているうちにすっかり暗記してしまったという場合を除き、生まれて初めて目にした植物の名前がすぐにわかるはずがありません。わからないのは単純に個人の問題といえます。個人の問題であるならば、それは本人の経験と努力の結果であって、足りない知識を徐々に積み重ねてゆくことで自然に解消されます。少しこれとは違いますが、種がたくさんあるので難しい場合があります。同じ属の中にたくさんの種があると、いきおい区別するための特徴の数も増えますし、また調べにくい特徴も使わなければならなくなります。たとえば花と実の両方がないと図鑑でも調べることができないヤナギ属が代表的な例でしょう。顕微鏡の下でしか見ることのできない細かい違いが重要な場合も、これに準ずるかもしれません。コケ植物ではミズゴケ属がこれにあたります。ミズゴケの仲間であることはすぐ誰にでもわかるのですが、その先にはなかなか進むことができません。ミズゴケの専門家は野外で生えている姿を見ただけで正確に名前を言い当てることができるそうですが、この仲間を調べるときにいつも手こずっている私には驚愕《きょうがく》すべき特殊能力です。これも慣れの問題なのでしょう。研究が遅れていて分類があまり進んでいないことが、名前がわからない理由の場合もあります。図鑑や専門の論文を参考にしても、はっきりとしたことが書かれていないので誰にもわからないのです。これは分類学者という職業についているものにとっては、ある意味で責任問題という側面もあり、なるべく触れたくないところです。蘚類のハリガネゴケ科とアオギヌゴケ科は、たくさんある同定の難しいコケ植物の中でも嫌がられる双璧《そうへき》でしょう。試しに専門家にこれらの仲間を見せて同定を依頼してみるとよくわかります。きっと属までの鑑定結果が返ってくることでしょう。そのほかごく稀な場合として、帰化植物の同定に手こずることもあるかもしれません。帰化植物は普通の図鑑にはほとんど掲載されていませんから、ずいぶんと悩むことになりやすいのです。現代では帰化植物がすでに数百種以上も日本各地から知られていますし、園芸や緑化のために国外から持ち込まれるものは年々増加する一方です。見慣れない植物をよく調べてみたら最近やって来た帰化植物だった、という可能性も実はそんなに低くはないようです。

同定ができない理由の二番目は、たまたま手にとった植物が、運の悪いことに何らかの原因で十分にその種の特徴を表していないことが原因の場合です。私が小学生のときの理科の授業で、各自それぞれが種籾《たねもみ》から稲を育てたことがあります。当時住んでいた団地のベランダにバケツを置いて、その中で育てたのですが、育った稲からは牛乳瓶一本分ほどの米が収穫できました。いく粒かの種子は収穫前にベランダから下の地面にこぼれ落ちたようで、翌年になって乾いた地面から雑草と一緒に稲が芽を出しました。しかしこの稲は、わずか七、八センチメートルほどの大きさにしか育たず、秋になってわずか一〇粒ほどの実を結んだのです。ゆうに数十センチメートルには達する通常の稲に比べると、まるで赤ん坊のような姿でした。養分の少ない乾いた地面で育ったため十分に成長できず矮性となった、いわば盆栽の稲です。

植物はこのように生育条件が劣悪であると、それに合わせて体の大きさや形を変えてなんとか実を結ぶまでに成長する力を備えています。これを難しい言葉で「表現型可塑性《かそせい》」といいます。発生初期の段階で器官のほぼすべてが完成する動物と違い、植物では茎の先端などで生涯にわたって器官の発生が継続しますから、そのときどきの周囲の環境に合わせて体の大きさなどを加減する芸当が可能なのです。名前を調べようとあなたが手に取った個体が、この可塑性ゆえに通常の形をしていなかったとしたら、図鑑を調べてもよくわからないことになるわけです。たくさんの個体を見て経験を積み、変異の幅を把握することによって、この問題はある程度解決できます（これも分類学研究の本質の一つですが、このような研究をおこなうには、日本国内だけではなく世界各地の標本館に保管されている標本を借用して調べなければなりません。その数は何百点、ときには数千点にのぼることもあります）。たとえばいま仮に一〇〇点の標本を調べたとすると、その中には必ずといっていいほど、一、二点はどうにも扱いに困るのが混じっているものですが、経験を積むことによって惑わされなくなるわけです。なかには病気などによって奇形になり、通常の形から著《いちじる》しく変化してしまうことさえあるかもしれません。私たちが頼りにする図鑑も変異の幅を考慮して書かれてはいますが、それは通常の変異の範囲のことであり、あまりに極端なものについては触れられていないのが普通です。

三番目の原因は、植物が示す生物としての本質と、対象を認識する人間の作業との間に生じるずれに由来します。生物の種は時間の経過とともに進化を遂げ、形や性質が変化してゆきます。その結果、ある一つの種から別の種が生じたり、あるいは単一の種が二つの種に分かれたりするのです（自然界の中では少なくとも何万年という時間の単位で進化が進行しますから、実際に変わりゆく現場を直接見た人はいません。しかし、化石というしっかりした証拠がありますし、なによりも現在の地球上にみられる膨大《ぼうだい》な生物の種数と、それぞれの生育環境に見事に適応した形態と生き方を考慮するならば、何億年という時間の経過の中で生物が進化し多様化してきたと考えざるをえません）。そうすると、母種《ぼしゅ》（元になる、ある特定の種）が二つ以上の娘種《じょうしゅ》に分岐《ぶんき》してから十分時間が経っているのであれば、娘種どうしは違う進化の道筋を歩んだ結果、いろいろな面で異質なものになっているはずです。たとえばそれが形態での違いとして反映されているのだとしたら、私たち人間がこれを区別することは容易であると考えられます。ところが、分岐した直後、あるいはいままさに二つに分かれつつある歴史的瞬間を私たちが目撃しているのだとしたら、二つの娘種の境界はあまり明確ではないかもしれません。これは頭の中で考えた屁理屈《へりくつ》などではなく、イネ科やラン科、あるいはキク科など多数の種を含んでいる仲間では実際に私たちの目の前で現実に起こっていることです。もちろんコケ植物にもこれに相当する例があります。第一番目の原因の中で取り上げた、研究のあまり進んでいない群というのは、実はいま盛んに種分化を起こしつつある群である場合がほとんどで、このような分類群ではそれぞれの種と種の間の境界があまり明瞭《めいりょう》ではなく、そのことこそが分類学的研究が進展しない原因になっているのです。アオギヌゴケ属やハリガネゴケ属というのはまさにそんな分類群で、誰が分類を試みても難しくなかなかすっきりした結論が出せないのです。

　また植物の中には、有性生殖を捨ててしまい、通常とは異なる方法でのみ繁殖するものがあります（無配生殖や無融合生殖と呼ばれているのですが、ここでは詳しく触れません。興味のある方は専門書を参照してください）。そんな増え方をしていると、遺伝的には親と同じ子供ばかりが生まれてきますから、もしも突然変異によって新しい性質が生じた場合、次世代の集団の中で容易に固定され、隣の集団とは（同種でありながらも）違う性質を持つようになります。極端な場合、地域ごとに少しずつ形が違うものが多数生じ、なにがなにやらよくわからないという事態になるのです。良い例が高等植物のヤブマオ属やテンナンショウ属です。コケ植物では自然の中で無配生殖や無融合生殖が確認された例はあまりありませんので、もっぱら無性芽だけで繁殖している種類がこれに相当します。ただしコケ植物は小さいので、形の違いは見過ごされ、結果として過小評価されがちですから、あまり問題にならないのかもしれません。

すべての場合ではありませんが、多数の種が含まれている分類群では一般に同定がとても困難です。同じものを鑑定しても専門家によって意見が異なり、違う名前がつけられることも稀ではありません。つまり、私たちが同定できないということの背景には、人間がおこなう鑑別という作業と生物の種の現れ方との間に不一致が存在し、少し大げさな言い方をすれば、形態という指標で識別される種、言い換えれば「人間が定義した単位としての種」というものが必然的に背負っている限界がそこに現れているのです。胸を張って「同定できません」と宣言しても誰にも文句のつけようはないのでしょうが、それではあまり生産的とはいえません。「種とは何か」を深く理解する良い機会と考えてみれば、同定できないことこそが、分類学の醍醐味《だいごみ》なのだといえるのでしょう。

第2章　おそるべき環境適応能力

コケ植物の体が小さいことは、生育環境への適応を考える際のキーワードになります。前章の「陸上植物の起源の謎」でも触れたように、体が小さいことには、彼らがこれまでにたどってきた進化の歴史が如実《にょじつ》に反映されているからです。水中を泳ぐ精子を持つことや、体を支え体内で水を運ぶ通道のための器官（維管束《いかんそく》）を持たないことなど、コケ植物の進化の歴史に由来する制約があるためにコケ植物の体は大きくなれなかったのですが、だからといって衰えゆく生物だと決めつけることはできません。それを逆手にとり、さまざまな工夫を凝らしながら、他の植物が入り込めない場所でがんばって生きているのです。それどころか、コケ植物が栄えるうえで、体が大きくなる必要などなかったのかもしれません。この章では彼らの適応能力に注目して、たくましく生きている姿を見てゆくことにしましょう。

極寒の極地から熱帯雨林まで

苔のことが気になり始めると、できるだけ多くの種類を自分の目で見たくなります。とはいうものの、経験がなければどこに行けば苔に会えるのかなかなか思いつかないものです。だからでしょうか、「どこに行けば苔を見られますか」とせっぱ詰まった雰囲気の質問を受けることがあります。そんなときには、初めて恋人ができたときのことを思い出してみてください。世の中にこれほど多くの喫茶店や映画館など、二人で行く場所があることに、相手ができて初めて気づかれたのではないでしょうか。あるいは植物にとても詳しい人と一緒に野山に出かけたときのことを考えてみてください。あれよあれよという間に、いくつも花を見つけだしてくるのに驚かれたのではありませんか。同じ場所を歩いているのですから、確かにあなたの目にも同じ花の姿が映っていたはずなのですが、あなたは気づかなかったのです。苔も同じです。網膜《もうまく》には苔の姿がちゃんと映っていたのに脳にはその信号が届いていなかったわけです。これがいわゆる「目がトロい」ということで、見えているのに見えなかったのです。でもいったん気になりだしたからには、これからは至るところに苔の姿に気づくはずです。公園の木の幹や根元、花壇の植え込みの間、コンクリートの側溝の隙間《すきま》、あるいは歩道橋の階段の端など、都心であっても探せば必ず苔は見つかります。身近にある苔に初めて気がつく、その感動を上手に表現した『ここにも、こけが…』という題名の写真絵本(『たくさんのふしぎ』二〇〇一年六月号、福音館書店)があるくらいです。

ではもっと視野を広げ、自然界の中でコケ植物がどのような環境に生育しているのかを探ってみましょう。結論を先取りすると、氷河と海水中以外ならどこにでも苔を見つけることができます。大砂漠の真ん中ではさすがに生きてゆけませんが、海岸沿いの砂丘ならば半ば砂に埋まりながらも生きているのを見ることができます。海水中はだめでも、しぶきのかかる岩場では、蘚類《せんるい》のウシオギボウシゴケやイソベノオバナゴケのように、なんとか生きてゆける種類もあります。名前がいかにもそれらしく海辺を表しているも愛嬌《あいきょう》です。南極の大地にさえ、夏のあいだに雪が解けて露岩が表れる場所に限れば数種類のコケ植物がすでに見つかっています。もちろんそういった環境に生える苔は多年草ですから、氷点下四〇度にもなる冬の凍えるような寒さやブリザードにも耐えて生きているのです。多数の茎がぎっしりと密生し背の低い半球状の群落をつくるのが、強風と低温に耐えられる秘訣《ひけつ》です。南極からはとても変わった生態を持つ苔も知られています。南極昭和基地の周辺には、冬は氷に閉ざされ夏のあいだだけ現れる池がいくつも知られていますが、池の深いところは一年中凍りませんから南極としてはとても暖かい場所になります。この池底を国立極地研究所の伊村智博士らが調査したところ、コケ植物が塔のような形の群落をつくっているのが発見されました。高いものでは六〇センチメートルに達する立派な姿になるのだそうです。この群落はその形にちなんで「コケ坊主」と呼ばれています。断面を切ってその成長速度を計算してみたところ一年にわずか〇・七ミリメートルで、高さ六〇センチメートルのコケ坊主ができるには約一〇〇〇年かかることがわかりました。このコケ坊主をつくっているのは蘚類ナシゴケ属の一種らしいのですが、不思議なことに、この池底以外に南極周辺で同じ種類は見つかっていないそうです。たまたま南極にやって来たこの種にとって、池の底が避難所の役割を果たしていたのでしょうか。

ロシア極東地域に広がる針葉樹林帯、その林床《りんしょう》も実はコケ植物で埋め尽くされています。実際に現地で調査をおこなった服部植物研究所の岩月善之助博士によれば、量こそ膨大《ぼうだい》なのですがいくら歩いても出会うのはタチハイゴケとイワダレゴケの二種ばかりで、種類の多様性はとても小さかったそうです。ともに日本の少し標高の高いところに行けば普通にある蘚類です。規模はずっと小さいのですが、八ヶ岳の白駒池《しらこまいけ》周辺でもこの二種が林床を一面に覆《おお》い尽くすように生えていますから、シベリアの大地の雰囲気を味わうことができます。

熱帯ではどうでしょうか。標高が一五〇〇メートルから三〇〇〇メートルの山岳地は一年を通してよく雲の中に隠れています。その雲の中に入ってみると、一面の深いガス（霧）と霧雨。ここに発達するのが雲霧林《うんむりん》です。林床から林冠まであらゆる場所が蘚類や苔類《たいるい》で埋め尽くされていますので、蘚苔林《せんたいりん》（英語では **mossy forest**）とも呼ばれています。直径五、六センチメートルの木の枝をすっぽりと包み込むように苔が生え、まるで太い枝のように見えます（図7）。あまりに旺盛《おうせい》に繁茂するため、重くなった苔の塊《かたまり》を枝が支えきれず、ついには枝が折れて苔と一緒に落下してしまうほどです。そうやって落下したたくさんの枝が林床には至るところに転がっていますので、苔を採集するにはとても好都合です。また蘚苔林では、生きている木の葉の上を住処《すみか》とする苔類クサリゴケ科が多様化し、ひじょうに多くの種類が知られています。このような特殊な生態を持つものを葉上着生種《ようじょうちゃくせいしゅ》といいますが、いずれもが小さな植物体の裏側からネバネバする物質を出し、葉の表面にしっかりと付着しています。林床はさらに多くの苔に覆われ、厚く積み重なった多量の苔のためにふか

図7　蘚苔林　マレーシア・ボルネオ島のクロッカー山脈

ふかします。蘚苔林こそが、この地球上で最も苔がその存在感を示す場所だといえるでしょう。日本では屋久島《やくしま》に行けばその姿を見ることができます。

熱帯林がすべてコケ植物の楽園かというと、残念ながら違います。熱帯低地の広大な森は、何層にも重なって発達した林冠のために林床は本当に薄暗い状態になっています。このような場所には、少しの光でも生きてゆけるような少数のものを除き、ほとんどコケ植物は生えていません。それは見事なほどです。またアマゾン川流域のように、雨期に大規模な河川の氾濫《はんらん》が起こるようなところでは、体の小さなコケ植物は泥《どろ》をかぶって光合成ができなくなるためにほとんど生えることができません。熱帯の低地は苔がほとんど生えていない「コケ砂漠」なのです。楽園と砂漠が同居する場所、それが熱帯だといえるでしょう。

日本で一番標高の高い富士山頂上はもちろんのこと、ヒマラヤの高所にも苔が生えています。私の経験では、四〇〇〇メートルを超えるボルネオ島最高峰キナバル山の山頂でもコケ植物に出会いました。白く輝く群落をつくる蘚類シモフリゴケ、そして同じく蘚類ギンゴケが高山帯に生きるコケ植物の代表です。なかでもギンゴケは、人家の周りにごく普通に見かけるもので、ときに盆栽の飾りにされることもある蘚類なのですが、その一方で南極でも見つかっています(口絵⑱)。さらに東大寺大仏殿改修時におこなわれた調査(一九七七)では、屋根の上に生えていたことが報告されています。夏には強烈な日差しにさらされ、ゆうに摂氏五〇度は超える場所です。低地から高地、そして酷暑から極寒まで、これほどさまざまな場所に生きてゆける適応力のある植物は他にないでしょう。

乾燥に強いのもコケ植物の特徴です。護岸コンクリートの上や河原の大きな岩の上には蘚類ギボウシゴケ属の仲間やハマキゴケなどがよく大きな群落をつくります。庭木の幹に張りつくように生きている苔類カラヤスデゴケや、暖温帯の背の低い海岸林の木の幹に生えるクサリゴケ科の微小な苔類は、夏のほとんど雨が降らない時期にはからからに乾いた姿をさらしているのを見ることができます。本章の「枯れても死なない」の節で詳しく触れますが、休眠することで彼らは強烈な乾燥に耐えているのです。しかしながら、長期間にわたってひどい乾燥が続く場所では、さすがの苔も生きてはいけません。日中はひどく乾燥している場所に見えても、河原や木の幹に降りるわずかな夜露を利用してその命をつないでいるのです。

隔離分布の不思議

さまざまな環境に生きるコケ植物ですが、それぞれの種が地球レベルでどのような場所に分布しているのかを眺めてみると、けっこうおもしろいことがわかります。

植物はある程度地理的にまとまった分布域を持っているのが普通です。というのも、時間をかけて少しずつ分布する範囲を広げてゆくわけですから、その結果として分布域に地理的なまとまりができるのです。「分布はそれぞれの種の歴史を反映している」、これは植物地理学という学問において基本的な定理のようなものです。ところが、なかにはこの捉《とら》え方では理解できない分布を示すものがあります。つまり、徐々に分布域を広げていったと考えると理屈に合わない分布がみられるのです。一番わかりやすいのは、たとえば北海道と四国、あるいは日本と北米東部といったように、地理的にひじょうに離れた場所に点々と分布していて、その中間地域にまったく見つからないような場合です。このような分布の仕方を隔離《かくり》分布といいます。隔離分布には大きく分けて二つの型があります。一つは「長距離散布」によるもので、長い距離を種子や胞子が飛ばされ、新しい生育地が地理的に遠く離れた場所に確立される場合です。もう一つは、本来は広い範囲に分布していたものが、何百年、何千年という単位でくり返される寒冷化や温暖化などが原因で生育できる環境が分断され、各地に点々と取り残されてしまった場合です。後者の場合を特に遺存的隔離分布と呼ぶことがあります。

実は、コケ植物にはアジアと中米だけから見つかっている苔類イイシバヤバネゴケや、東アジア・南米・アフリカ東部から報告のある蘚類シワナシチビイタチゴケ属のように、極端な隔離分布を持つ種が少なくありません。蘚類エビゴケ属も、東アジア、北米、メキシコ、大西洋のマデイラ島、そしてインド洋のモーリシャス島というわけのわからない分布を示します。これらはほんの一例ですが、高等植物と比べてもコケ植物には隔離分布あるいは広域分布する種や属が多くみられます。なぜコケ植物にはこのような分布を示すものが多いのでしょうか。そこには二つの原因が考えられます。

第一の原因は、コケ植物は他の陸上植物に比べると体が小さくて目につきにくく、これまでの調査でうっかり見逃されている可能性が高いことです。ある場所に分布していないのではなく、そこにあるのだけれども見つかっていないだけ、ということです。いわば見せかけの隔離分布です。より綿密な調査がおこなわれれば、連続的に分布していることがわかってくるはずです。たとえば、蘚類タチヒダゴケ科にキサゴゴケ属という、木の幹に生えるひじょうに微小な仲間があります。葉が舌状をしていることと、胞子体を支える蒴柄《さくへい》が湿ると著《いちじる》しく螺《ら》旋《せん》状にねじれるのが特徴です。この属にはこれまで日本から一種、北米から一種の計二種だけが知られており、ひじょうに変わった分布を持つと考え

図8　ビルマで発見されたヒプノドントプシス属の新種

られてきました（そのほかにヨーロッパ産の琥珀《こはく》中から、化石種が二種報告されています）。ところが、二〇〇二年（平成一四年）春に東京大学を中心に実施されたビルマ（ミャンマー）北西部ビクトリア山周辺の植物調査において新たに新種が発見・報告されました（図8）。ビルマはこれまでに知られている分布のちょうど中間にあたり、これまでの空白を埋めることになりました。コケ植物では珍しい化石種が二種も知られていることからもわかるように、キサゴゴケ属はもともと北半球の温帯域に広く分布していたのでしょう。植物体がきわめて小さいことが、発見を遅らせたのだと思われます。今後調査が進めば、ほかの場所からも発見される可能性が高いと考えられます。

隔離分布には当てはまりませんが、たとえば高等植物では別種として分けられるような場合でも、植物体が小さいために人の目にすぐわかるような違いが目立たず、そのため誤って同じ種として扱われている可能性もコケ植物では小さくないでしょう。遠く離れた場所に同じ種があると考えるよりも、近縁ではあってもそれぞれがすでに別種に種分化していると理解する方が理に適《かな》います。なぜならば、遠く離れた場所の間で遺伝的な交流があるとは考えられず、遺伝的交流がなければ別種へと分かれてゆくのが自然だからです。

二つ目の原因は、コケ植物は小さな胞子で繁殖することに由来します。胞子は種子に比べてとても小さく、風に乗って遠くに飛ばされやすくて、地理的に遠く離れた場所に到達すること、つまり長距離散布が比較的容易に起こりやすいのです。コケ植物の植物体は小さいために胞子が詰まっている胞子嚢《のう》は地上の低い位置にあります。通常の風くらいではそれほど胞子が高く舞い上がることはありませんが、台風などの強い風で舞い上げられ上昇気流に乗って思いがけないほど遠くまで飛ばされることもあるようなのです。高い木の幹に着生する種では、なおさら風に乗る機会は多いことでしょう。あるいは渡りをする水鳥の水かきに、泥と一緒に無性芽や植物体の一部がちぎれた断片が付着して、遠くまで運ばれることも考えられます。このようにコケ植物が長距離散布するさまざまな可能性があるのです。本当に胞子が長距離を飛散しているかどうか、まだ確実な証拠は見つかっていないのですけれども、空気中に漂《ただよ》う胞子を調べた研究例では、少なくとも一〇〇〇キロメートル以上離れた場所にしか見つかっていない種の胞子が捉えられたという報告があります。オランダのコケ学者ファン・ザンテン（B. O. van Zanten）博士は、長距離を飛散するために成層圏に達したコケ胞子がその環境でどれくらい生きてゆけるのか、実際に低温・低圧条件にさらして実験しましたが、調べた種の多くが生き残ったと報告しています。

隔離分布する種について、遠く離れた複数の場所からサンプルを採取し、どれほど遺伝的に離れているかを調べると、興味深いことがわかるはずです。離れた場所にある集団間では、遺伝的交流がすでに長期間にわたって途絶えている可能性があります。もしそうならば、各集団は別の種へと進化してしまっているかもしれません（これを種分化といいます）。ナンジャモンジャゴケを材料にしてそのことを確かめてみました。ナンジャモンジャゴケ属は蘚類の中で最も原始的と考えられている仲間です。世界にナンジャモンジャゴケとヒマラヤナンジャモンジャゴケの二種のみが知られていて、おもに冷温帯から亜寒帯に分布しています。日本ではナンジャモンジャゴケだけがあり、日本アルプスの雪渓《せっけい》わきの大岩の間などで見ることできます。ナンジャモンジャゴケの分布域のほとんどは北半球高緯度地域なのですが、唯一の例外がボルネオ島キナバル山です。ボルネオ島は熱帯に位置しますが、ナンジャモンジャゴケが見つかったのは標高三〇〇〇メートルの場所で、日本でいえば冷温帯に相当します。日本とボルネオ島の産地は数千キロメートル離れていて、その中間の地域からは台湾の一ヵ所で見つかっているだけです。実験で調べてみると、日本産とボルネオ産のナンジャモンジャゴケの集団間には、意外なことにほとんど遺伝的な違いがみられませんでした。遠く離れた集団の間で何が起こっているのか詳しくはわかりませんが、得られた結果を素直に解釈するならば、ボルネオの孤立集団が他の集団から隔離されてからそれほど時間が経っていないことになります。きっとかなり違っているだろうという私の予想とは反対の結果だったのですが、隔離分布する種の性質を考えるうえでは、これもまたおもしろいことでした。

人の生活とともに

旧市街の町並みを歩いていると、道路と側溝との隙間にギンゴケやホソウリゴケといった蘚類の仲間が小さなマット状の群落をつくっているのをよく見かけます。土埃《つちぼこり》が自然にたまって薄い土壌《どじょう》となり、そこに苔が生えているのです。屈《かが》み込んで観察すると、少し盛り上がった群落は小さな植物体が密生して独特の光沢があり、まるでビロード生地のような美しさです。苔がまるで緑の芝生のようにも思えてきます。同じ群落の中でも光の加減で緑の彩りが微妙に異なりますから、実は芝生などよりもいっそう見事です。そんなマットを少しばかり失敬して、小さな植木鉢に移してミニチュアの人形などを配して楽しむ好事家の団体もあるほどです（日本マン盆栽協会。協会の公式サイト「マン盆栽パラダイス」をご覧ください）。ただ、ほんの小石でさえ小さな苔にとっては巨大な岩石ですから、そこだけ苔がうまく育たずにいびつな形になりがちで、盆栽に仕立てるほど姿の良いマットを探し出すにはなかなか骨が折れます。

私たちの身近な場所でも、よく探してみると至るところに苔は生えています。けれどもふだんこんな小さな植物のことなど気に留めることはありませんから、つい見過ごしてしまいがちになります。散歩のついでに注意して探してみると案外苔は見つかるものなのです。苔を自分の手で育てるとなると、たとえけっこう手をかけたとしても途中で枯らして失敗することが多いのですが、苔が勝手に生えてくるときは、車で混雑する道路のそばや都会の植え込みの陰などどこんなところにという場所でさえ、ちゃんと育っているのが不思議です。

ところで、コケ植物の中にはちょっと変わった場所ばかりを転々として生きている種類があります。知らないあいだに庭の片隅にやって来て、瓢簞《ひょうたん》形で鮮やかな薄緑色の胞子体が大きくなり始めてやっとその存在に気づく、蘚類ヒョウタンゴケもその一つです。ヒョウタンゴケは一年性植物なので、胞子を飛ばした後は枯れてしまいます。続けて何年か同じ場所に生えることもありますが、いつの間にかいなくなってしまいます。第1章の「戦略としての短い一生」で紹介したように、最適な環境を求めてあちらこちらとうろつき回る「逃亡者」的な生き方をしているのです。実はこのヒョウタンゴケ、焚《た》き火跡を好んで生えることでも有名です。焚き火跡は、体の小さなコケ植物にとってみれば山火事跡のようなものですから、競争相手となる背の高い草もいませんし、木が燃えて豊富な栄養分も残されていますから、住処を転々としているヒョウタンゴケには最適な場所なのでしょう。最近出版された図鑑には、太平洋戦争時、各地の空襲跡でこのヒョウタンゴケの大群落が出現したと書かれています。

これと似たものに、稲刈りの終わった田圃《たんぼ》を好む苔があります。水を落とした後の地面に生えて、翌年早春に耕起されて土に埋まってしまうまでの、わずかな時間で成長し胞子体をつくり一生を終える苔たちです。西日本では、苔類ハタケゴケ属の仲間であるカンハタケゴケやコハタケゴケ、ツノゴケ類のツノゴケモドキ、あるいは蘚類ツリガネゴケ属の仲間などを晩秋から春先にかけてあちらこちらの田圃で見ることができます。いずれも数ヶ月というわずかな期間でその一生を終えるのが特徴です。

図9　ヒメジャゴケの葉状体　平岡正三郎氏撮影

新しくつくられた造成地や林道沿いの土が露出した斜面に群生する種類もあります。よく日の当たる場所では蘚類のナガダイゴケがしばしば大群落をつくります。体は小さいのですが、弓状に曲がった蒴には長い首がありますので、胞子体があればすぐにわかります。また、これまでに北海道小樽《おたる》市でだけ見つかっているヨレエゴケという珍品の蘚類も、造成地で発見されています。ヨレエゴケの生育地はその後の開発で失われ、いまだ再発見されていません。おそらくは偶然日本に飛んできた胞子が発芽・定着したのでしょう。一度だけ渡来した帰化植物みたいなものかもしれません。中国の雲南《うんなん》省や河南《かなん》省の山間部で調査した際に、道路がつくられてから日が浅いのか、ほかの植物はまだ侵入していない切り開かれたばかりの土の斜面に、苔類ヒメジャゴケだけがあちらこちらに小さな群落をつくってたくさん生えているのを見つけました（図9）。周囲の山中では見かけませんでしたから、道路ののり面にだけ群生するヒメジャゴケには不思議な感じがしました。この苔はどうやら人工的な場所を好むようです。日本でも人家の裏庭など人の生活場所の近くによく生えていますが、汲《く》み取り口周辺の地面には大きな群落をつくることがあります。窒素《ちっそ》分が特に豊富な場所を好むようなのです。窒素分を好むコケ植物としては、そのほかにもヤワラゼニゴケという苔類があります。これも私が大学院生時代のことなのですが、面倒くさいときにいつもこっそりと立ち小便をしていた研究室近くのとある場所に、あるとき見かけない苔が生えているのに気づきました。緑色をした葉状体からゼニゴケの仲間であることはわかったのですが、よくあるゼニゴケやミズゼニゴケとは様子が違っており、いくつかの図鑑で調べても見当がつきませんでした。当時奈良教育大学におられた苔類の専門家である北川尚史先生に見ていただいて、その正体が判明しました。ヤワラゼニゴケという名前と一緒に、この苔の特殊な生態についても教えていただいたとき、私の悪行が見透かされたようでとても恥ずかしかったのを二〇年以上経ったいまでもよく覚えています。この場所で見つかったのはそのとき一度だけで、翌年には消えてしまいました。私がおこないを悔い改めたのが原因なのか、よくわかりません。『きのこと動物』（相良直彦著、築地書館）という本によれば、地面の下にあるモグラの便所から生えてくるキノコや、林にアンモニアや尿素を撒《ま》くと生えてくるキノコなどもあるそうです。調べてみたら、苔でもきっとおもしろいことがわかるのではないでしょうか。

苔には動物のウンコと深く結びついた種類もあります。それは蘚類オオツボゴケ科で、この科に含まれるほとんどの種が動物の排泄物や死骸《しがい》だけに生えるのです。北半球の高緯度地域に最も多くの種類が分布していますが、日本からも五属八種が知られています。一番普通にみられるのがマルダイゴケで、日本アルプスなどの亜高山帯から高山帯に生えていて、赤黒い胞子嚢が印象的な苔です（口絵B）。マルダイゴケを見るには、山小屋の近く、草地で開けた場所が一番適しています。そこには人間も含めてたくさんの動物たちが排泄物を残しているのですが、その上にマルダイゴケが見事な群落をつくっています。なぜそのような場所にだけ生えるのか。あるいはどうやって排泄物を探すのか。いろいろな疑問が浮かびますが、どうやらマルダイゴケの赤黒い蒴にその秘密が隠されているようです。オオツボゴケ科の蒴（つまり胞子嚢のことです）には頸《くび》と呼ばれる特殊な部位がよく発達していますが、フィンランドの研究者が化学的分析をおこなったところ、そこからハエの仲間をひきつける匂いが出ていることがわかったのです。この匂いにつられてやって来たハエが赤黒い蒴に止まり、さらにあちらこちらと匂いの元になった餌《えさ》のありかを探し回ります。しばらくするとだまされたことに気づいたハエは飛び去ってしまうのですが、すでにハエの体にはマルダイゴケの胞子が付着しています。このハエが次に糞や死骸を見つけたとき、胞子は無事目的の場所にたどり着くというわけです。このようにしてマルダイゴケは排泄物から排泄物へと渡り歩きながら生き続けてゆくのです。

渓流沿い植物

頭上をゆっくりと過ぎてゆく梢《こずえ》の間から、熱帯の青い空がかいま見えます。背中のサブザックを浮き輪がわりに首まで水に浸かり、ポーターが投げ入れてくれた丸太につかまって森の中を静かに流れる川を下り始めてから、もうずいぶんと時間が過ぎたようです。山道を歩いているときは人の足音で、ボートに乗れば船外機のけたたましさのためにこれまで気づかなかったのですが、こうやって川の流れに身を任せていると、昼間の森は意外と物音がしないものなのでした。ところどころの早瀬ではぐっと水深が浅くなるので、濡《ぬ》れて重くなったザックと服にあえぎながら水中から身を起こし、丸太を押して歩かなければなりません。そして流れが深くなると再び丸太とともに流れてゆきます。水深が浅くなるごとにそれを何度もくり返すのですが、あまりに楽しいので苦になりません。二時間ほどのんびりと川下りを楽しむと、歩いて山から下ってきた他のメンバーが待っている橋のところまでたどり着きました。迎えの車を待っている間、冷えきった体を焚き火で暖めながら、これまで味わったことのない不思議な感覚にかなり気分が高揚していたのを、一五年以上経ったいまでも覚えています。こんなに静かな時間は、これまでのインドネシアの調査でも初めての経験だったからです。それに、水面から見上げた森はふだんよく知っている森とはまったく違った姿に見えたからでもありました。植物調査では現場の雰囲気を感じ取ることも大切ですから、これは思いがけない大収穫でした。ビニール袋で厳重に梱包《こんぽう》したはずのザックの中身は、浮き輪の代わりにしたせいですべて水浸《みずびた》し。大切なカメラが駄目になってしまったのは、当時まだ学生の身分だった私にはとても悲しい出来事ではあったのですが。

晴れた日にはこんなに穏やかな熱帯低地の川ですが、いったん雨が降り出すと瞬《また》く間に増水し泥で濁った水であふれ返り、様相が一変します。熱帯の川の特徴の一つは、水位の変化がとても大きいこと、そしてそんな増水が一週間に二度も三度もあることです。ボルネオ島の低地は熱帯雨林に覆われているのですが、温帯の森林に比べて土壌があまり発達しておらず保水性に乏しく、降った雨は一気に川に流れ込んでゆきます。まして雨期ともなると毎日のように大雨が降り、その雨の量が半端ではありませんから、川が激しく増水するのです。

朝出かけるときには膝《ひざ》の下にも届かなかった小さな流れが、午後の雨の後は濁流に変貌《へんぼう》し、恐ろしくてとても渡れなくなることもありました。そして次の朝になると、嘘《うそ》のようにすっかり水が引いています。日本では考えられないようなことが、日常的に起きているのです。このように激しい増水と減水をくり返す川では、ふだんは水の上に出ているけれども増水時には濁流に飲み込まれる場所がはっきりとしており、そういった場所を渓流帯《けいりゅうたい》と呼んでいます（海岸における間潮帯《かんちょうたい》のようなものです）。興味深いことにこの渓流帯にだけ生育する一群の植物があり、川から離れた林の中などに生えるもの（陸生種）から区別して、渓流沿い植物（あるいは渓流植物）と名づけられています。日本の植物でいえばサツキやヤシャゼンマイが典型的な渓流沿い植物です。私たちの調査チームは、都合三回八ヶ月にわたってボルネオ島のインドネシア領、カリマンタンと呼ばれている地域に滞在し、この渓流沿い植物を調査していました。ボルネオ島は世界でも有数の、渓流沿い植物が豊富に産する場所なのです。川下りを楽しんだのも、そのときのことでした。

渓流沿い植物を長年研究してきたオランダ国立標本館のファン・ステーニス（C. G. G. T. van Steenis）博士によると、渓流沿い植物には共通するいくつかの特徴がみられます。それは先端が細長く伸びた皮質の葉、よくしなる強靭《きょうじん》な茎、そして岩に食い込むように発達するしっかりした根です。これらすべては、増水時に水から受ける強い力に抗して、渓流帯でなんとか生き残ってゆくための工夫です。細長い葉とよくしなる茎は水から受ける抵抗を減らしますし、発達した根系があれば濁流に流されずにすみます。渓流沿い植物はシダ植物以上の高等植物でよく研究されていました。コケ植物にも渓流帯だけに見つかるものがあることは知られていましたが、私たちが調査を始めた時点ではまだまとまった研究はありませんでした。そういうわけで私が調査チームに参加し、渓流沿いのコケ植物研究を担当したのです。

ボルネオ各地で野外調査を続けているうちに、高等植物と同じように、多くの渓流沿いコケ植物でも強靭な茎が発達することがわかってきました。葉がほとんど落ちてしまい軸状になった茎だけが岩の上に残っている場面にもよく出会いました。またコケ植物にはそもそも根がないのですが、根の代わりの役目を果たす仮根によってしっかりと生育する岩に固着しているのも同様でした。しかしながら、葉の形に関しては高等植物の渓流沿い種とは著しく異なった特徴を持っていることに気づきました。コケ植物渓流種の葉は、とりたてて細長くはないのです。葉は卵形で先端は尖《とが》っておらず、林床に生育する陸生種の方にかえって葉先が長く尖るものが多いくらいなのです。これは調査にとりかかる前には予想できなかったことでした。よく考えてみると、増水したとき水から受ける力は物体の大きさによって異なるはずです。すると、植物体全体が数センチメートルしかなく、シダや草木の一枚の葉よりも小さいコケ植物では、増水した水から受ける力はずっと少ないはずです。まして一枚一枚の葉となるとなおさらで、一枚の葉が細長かったり、あるいは先端が長く伸びていることはあまり意味を持たないのです。私が思うにコケ植物渓流種の形態の適応で問題となるのは、少なくとも一本の茎とそこにつく複数の葉とがセットになったシュートのレベルであって、一つのシュートが高等植物渓流種の一枚の葉に相当すると考えるといいのです。水に濡れたとき、茎と葉が全体としてどのような形をとるのか、その視点から形を捉えてみると、コケ植物渓流種の葉が卵形で葉先が丸くなっていることがうまく理解できます。つまり、短くて葉先が尖っていない葉は茎に密着でき、水中ではあたかも一本の棒と化し、水からの強い力を受け流すのです。あるいは茎に対して葉が二列扁平《へんぺい》につく種類では、全体が一枚の細長い板となって、さらに強靭な茎が鞭《むち》のようにしなることと相まって、水から受ける力を上手に逃してやることができます。つまり、コケ植物渓流種では、細長い葉はかえって邪魔になるわけです。

さらに、渓流帯に進出したコケ植物には大きく分けて二つのグループがあることも野外観察からわかりました。形態的な特徴は変わらないのですが、乾燥への適応のありようが異なるのです。一つ目のグループは、渓流帯の下部、ひどく減水しないかぎり水際からあまり遠ざかることはなく、常にある程度湿っている場所に生育しています。二つ目は、川床に生える灌木《かんぼく》(これも渓流沿い植物なのですが)の幹や枝など、ときには長期間続く乾燥にさらされやすい場所に生えるグループです。後者はときに着生する枝から長く垂れ下がるように生えていることがあります（図10）。おもしろいことに、この二つのグループそれぞれの祖先と推定される陸生種（これを推定母種《ぼしゅ》といいます）にも同様の違いが認められ、前者は湿った場所を好み、後者は林縁などよく光が当たる場所に生育するのです。つまり現在の渓流沿いコケ植物における生育環境の違いは、祖先の違いを引き継いだものだというわけです。

図10　カワブチゴケ　代表的な渓流沿いコケ植物の一つ

渓流沿い植物を研究することのおもしろさは、渓流種の母種と推定される形態が酷似した陸生種がすぐ近くの林床に生育している場合が多いこと、さまざまな陸生の分類群で並行的に渓流種への進化が起こっていることです。つまり渓流帯では何度もくり返して「陸生種から渓流種へ」という種分化が起こっており、あたかも進化の実験場となっているわけです。種分化というのは、分類学あるいは進化学の中でも特に興味深い研究分野です。渓流種の由来を研究することで、特定の環境下における進化のありように迫ることが可能になるわけです。

私たちが調査したボルネオ島では、河川のほとんどがいつも赤茶色に濁り、まるで泥水のようです。森林が破壊され激しい雨によって土壌が洗い流されているからです。地元の村人に尋ねると、昔はこんなにふうに水は濁ってはいなかったといいます。すべての植物は光合成をすることで生きています。たとえ渓流帯という厳しい環境に適応した植物であっても、ひどく濁った水に浸かっていては、十分に光合成をおこなうことはできないでしょう。実際、泥をかぶって死んでしまったコケ植物を至るところで見かけました。数万年をかけて進化を遂げてきた渓流沿い植物、それがたかだか数十年の人間活動によって多大な影響を受け消滅しようとしているのだとしたら、人間活動とは進化の歴史の生き証人を滅ぼす罪深い行為なのではないでしょうか。

動物の餌となる

コケ植物の特徴の一つに、乾燥させた標本の保管が容易なことがあります。花の咲く植物やシダなどの高等植物、あるいはキノコなどの菌類の場合、よほどしっかりと密閉できる容器に入れておくか、あらかじめ虫除けの薬剤（ナフタリンやパラゾールなど）で虫を近づけないように用意をしておかないかぎり、カツオブシムシやシバンムシといった昆虫の仲間がすぐに嗅ぎつけて、せっかくの標本を食い荒らしボロボロにしてしまうのはほぼ確実です。ところが、コケ植物ではそれほど神経質になる必要がありません。なぜかというと、そういった悪名高き害虫たちもコケ標本にはまったく食欲を示さないからです。

一般的に植物と動物の間には、「食べる—食べられる」という強い関係がありますが、コケ植物との間ではそれほど濃密ではありません。地球の歴史の中でコケ植物の種類が豊富になったのは、昆虫やその他の陸上動物が地上で多様に分化した時代よりもずっと後の時代のことで、それゆえに彼らが餌としてコケ植物を選ぶことがなかったのだ、そんな興味深い仮説を提唱した高名な研究者もいるほどです。歴史に「もしも」はタブーといいますが、仮にコケ植物と動物との結びつきがずっと緊密であったのだとしたら、食べられるのを避けるために、どんな形のコケが進化してきただろうと想像してみるのもおもしろいかもしれません。草食動物に対抗するため、毛むくじゃらのコケや鋭いトゲが密生した奇怪なコケも出現していたことでしょう。

例は少ないのですが、コケ植物を食べる動物がまったくいないというわけではありません。一番有名なのは北欧のトナカイでしょうか。厳しい冬の時期、雪の下に隠れている「コケ」を掘り出して食べる姿が、テレビ番組などでもよく紹介されています。もちろんおなかがすいていれば何だって食べるのでしょうし、その中には本当の苔も含まれているのでしょうが、彼らが主食としているのは、実はトナカイゴケというハナゴケ属の地衣類《ちいるい》です（「地衣類研究会」のホームページでその写真を見ることができます）。夏の時期に旅すると、まばらに木が生えている林床の一面が、白や黄色の地衣類で厚く覆われているのを見ることができるそうです。レイチェル・カーソン著『センス・オブ・ワンダー』（上遠恵子訳、新潮社）の一節に、姪《めい》の息子ロジャーの潑剌《はつらつ》としたしぐさを通して、その様子がいきいきと描かれています。

晴れて乾燥している日には、トナカイゴケのじゅうたんは薄く乾いていて、踏みつけるともろく、くずれてしまいます。しかし、スポンジのように雨を十分に吸いこんだトナカイゴケは、厚みがあり弾力に富んでいます。ロジャーは大よろこびで、まるまるとしたひざをついてその感触を楽しみ、あちらからこちらへと走りまわり、ふかふかした苔のじゅうたんにさけび声をあげて飛びこんだのです。

トナカイゴケとトナカイのように、広い意味では「コケ」といっても間違いではないのですが、鮎《あゆ》の食べる「コケ」もちょっとした誤解が広まってしまった例でしょう。鮎は「コケ」の豊富な場所をなわばりにしているのですが、彼らが食べているのは石の上に育ったケイ藻《そう》で、これは藻類の仲間です。油断すると熱帯魚水槽の壁を緑色に変えてしまう嫌われ者が「コケ」と呼ばれているのと同じように、水中に生える藻類のことを昔の人はみんなまとめてコケと呼んでいたときの名残りなのでしょう。

誤解の例ばかりを取り上げてしまいましたが、鳥やネズミの仲間が本当にコケ植物を食べる例も報告されています。とりわけ鳥については観察例が多く、いくつもの種で特にその雛《ひな》鳥《どり》が蘚類の胞子嚢を好んで食べるのだそうです。北米ユタ州で捕獲されたカナダガンの胃内容物を調べたところ、ほとんどが蘚類だったという報告さえあります。またこれはヨーロッパでのことですが、カオジロガンは高等植物が芽吹く以前に北極海のノルウェー領スピッツベルゲン島に渡ってくるため、産卵時期までのあいだは蘚類を主食としています。別の鳥では、本当は草を食べたいのだけれども、別の種との競争に負けたため嫌々ながらコケを食べる、そんな興味深い事例も報告されています。消化の面からみると、柔らかい草よりもコケは食料として劣るのでしょうか。ただ蘚類の若い胞子嚢は、澱粉質《でんぷんしつ》や脂質に富んでいますから（試しにライターの火で焼いてみるとよくわかります。パチパチと音を立てて勢いよく燃えます）、栄養面からは良い食べ物になるのではないかと思われます。水鳥の雛は特に胞子嚢を選んで食べているという報告もあります。そのためか、米国ではオオスギゴケのことを鳥の小麦（bird wheat）と呼ぶ地方があります。

胞子嚢を食べてくれるのであれば、もしかすると長距離散布にも役立つという、苔にとってのメリットもあるのかもしれません。赤や白など色とりどりの蒴をつける蘚類マルダイゴケの仲間は、顕花《けんか》植物の果実に擬態して鳥たちの食欲をそそっているのでは、と解釈する研究者もいます。

苔を住処とする生き物たち

もちろん、食べるばかりがコケ植物と動物との結びつきではありません。コケ植物は動物の産卵場所や住処になることがあります。鳥の巣については第3章の「装飾と鳥の巣」で詳しく触れますが、そのほかにもいろいろ雑多な動物たちがコケ植物を利用しているのです。

ゲンジボタルのメスは、交尾が終わったのちに川岸の岩や木の根元に生えているコケに産卵すると、ゲンジボタルの産卵行動を紹介している文献に書かれています。このとき特定のコケ植物の種を選んで産卵するのではなく、水際に生育する大型の蘚類でしっかりした群落をつくるものであれば、どれでもよいとのことです（ただし、水際に生えるコケ植物の種はそれほど多くはありません。また、蘚類と苔類の区別はつけているようで、なぜか苔類には産卵しないようです）。種類の選り好みはしない一方、どの群落に産卵するかは決まっているようで、同じ種に属するコケ植物の塊が水際にずらっと並んでいても、特定のものに集中して産卵がおこなわれます。とはいっても、これまで二〇年以上いろいろな場所で水際に生えるコケ植物を採集しては顕微鏡で調べてきましたが、これがゲンジボタルの卵だと気づいたことは残念ながらまだ一度もありません。意識して探さないと、なかなか見つからないものなのかもしれません。

コケ植物の表面ではなく中に卵を産みつける昆虫もいます。それはムカシトンボです。高知県の四万十川《しまんとがわ》に棲《す》むムカシトンボが産卵場所にしているコケの名前を調べるよう、昆虫の専門家から頼まれたことがありました。見せてもらった写真に写っていたのはケゼニゴケとホソバミズゼニゴケという、流れのそばや湿った場所にごく普通に生えている大型の苔類でした。またケゼニゴケの写真には、短い直線状の産卵跡がいくつも平行して並んでいる様子が見事に写されていました。四万十川のムカシトンボは、フキやタネツケバナなど柔らかい草の葉にも産卵するとのことですが、ケゼニゴケのビロードを思わせる柔らかな植物体は、産卵管を刺し込むのにはきっとちょうどよい感触なのでしょう。

これはまったくの偶然なのですが、ケゼニゴケは実は私の研究テーマの一つで、これまでに日本全国のたくさんの場所で野外調査と標本収集をおこなってきました。しかし、ゲンジボタルのときと同様、これまでそのような産卵跡のあるケゼニゴケを見た記憶がありません。ムカシトンボというのは珍しい種類なのでしょうか。あるいは、知らなければ見えても見えないという、例の「目がトロい」ということだったのかもしれません。

コケ植物を住処とする動物は、線虫《せんちゅう》（体長数ミリメートル程度の線形の動物。動植物に寄生して害を与えるものも少なくない）やミズメイガ、ササラダニなど体の小さなものがほとんどです。この三つの仲間はとりわけごく普通に見ることができます。ササラダニの専門家である青木淳一博士は、都市部のコケ植物マットを丹念に調査し、その中に棲んでいるササラダニについて一冊の本（『都市化とダニ』東海大学出版会）をまとめられています。ある町の歩道橋で調査したときには、そこに生えていたギンゴケ群落から新種のササラダニさえ見つけておられます。ケゼニゴケやジャゴケといった葉状性苔類の内部の様子を観察するにはカミソリを使って切片《せっぺん》をつくるのですが、そのときに苔の内部に棲んでいる線虫に気づくことが少なくありません。またネパール産のヒメイチョウウロコゴケという苔類では、線虫がつくった虫癭《ちゅうえい》（虫《むし》こぶ）が見つかっています。茎の先端が膨《ふく》れて多肉状となって赤く色づき、内部は空洞《くうどう》でそこに四〜八四の線虫が玉になって入っているのが観察されています。

顕微鏡で標本を観察するときには、まず乾燥したコケ標本を水に入れて元の姿に戻すのですが、このコケをつけた水を一日放置しておくと、そこにはワムシやゾウリムシなどいろいろな微生物が生じてきます。まさに「どこからか湧いてきた」という感じがぴったりで、微生物はいろいろなものから生じるという自然発生説を支持したくなります。乾燥したコケの葉の間、あるいは標本についていたわずかな土の中でじっと休眠していたのが、水を得て生き返ったのでしょう。もともと水中に棲むワムシやゾウリムシと、陸上に棲むコケ植物との間に関わりがあるのだろうかと疑問に思われるかもしれませんが、生きているときの苔はずいぶんと水気が豊富で、そこにはさまざまな生物が棲んでいるのです。また、一枚の木の葉の上で一生を過ごす葉上着生性の小型苔類の中には、ムシトリゴケ属のようにその葉の一部が袋状となり、その特殊な構造でワムシなど微生物を捕らえて養分としているものさえあります。

生きているコケ植物を住処とする動物としては、その姿がおもしろいクマムシを忘れることはできません。クマムシは緩歩《かんぽ》動物門に属する、体長〇・一〜〇・五ミリメートル程度の小型の動物で、円筒状の体型で八本の脚を持ちます。環形動物（ミミズ）と節足動物（昆虫やクモなど）の中間的な生き物と考えられています。その形とゆっくりと歩く姿はまさしく小さな熊で、英語でも「水の中にいる熊（water bear）」と呼ばれています（図11）。グリーンランドから南極大陸、そしてヨーロッパアルプスの高山から水深四六九〇メートルの深海まで、地球上のほぼすべての場所からクマムシの仲間

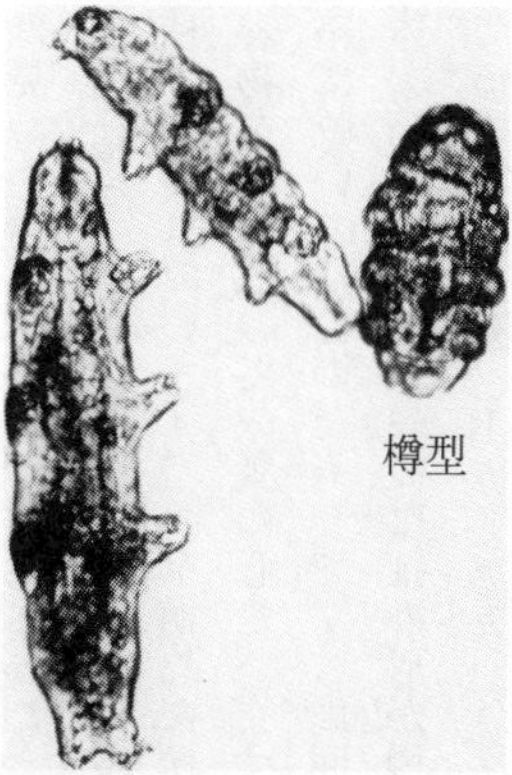

図11　チョウメイムシ（クマムシ類）の顕微鏡写真　宇津木和夫氏撮影

は見つかっています。長年にわたってコケ植物に棲むクマムシ類を研究されてきた宇津木和夫博士（平岡環境科学研究所）によると、日本国内からは陸生のものに限ってもすでに五八種が知られています。コケ植物に棲むクマムシは、葉や茎の細胞に鋭い歯針を刺し込んで内容物を吸い取って栄養にしています。おもしろいことに、コケが乾いてくるとクマムシも一緒に乾いてゆくのだそうです。周囲の湿度の低下とともに徐々に体の水分を体外に出しつつ体を縮めてゆき、最後には外形が樽《たる》型になって乾眠《かんみん》と呼ばれる状態に移行します。いったんこうなると、数ヶ月から数年は水なしで生き長らえ、高温（摂氏一〇〇度で数時間）や低温（摂氏マイナス二五〇度で長時間）だけでなく、放射線や真空状態にも強い抵抗性を示すほどで、あたかも鉱物の結晶のように振る舞うのです。このようにあらゆる外部環境に耐えるクマムシの乾眠ですが、樽型状態のものが降雨などで再び水と出会うと、急速に水分を吸収し体を展開して元の姿に戻り、一五分から三〇分後には再び歩き始めます。それだけでなく何回でも乾燥－展開をくり返すことができるのです。次節の「枯れても死なない」で、すぐに乾き急速に湿ることのできるコケ植物の生活スタイルに触れますが、それと実によく合致したクマムシの生き方にはとても感心させられます。

蘚類チョウチンゴケ属の仲間のように、アブラムシの複雑な生活史の中で、一時的に彼らに宿を貸すものも知られています。このような生物を中間宿主《しゅくしゅ》といいます。ヌルデにつく虫癭は五倍子《ごばいし》と呼ばれ、良質なものは六五％のタンニンを含み、これから抽出されたタンニン酸や没食子《もっしょくし》酸は革のなめしやインク製造、あるいは塗料《とりょう》中の鉄錆《てつさび》防止剤やロケット燃料の触媒剤などに広く利用されています。戦前の日本では軍事的な必要性から栽培方法が盛んに研究されていました。このヌルデの虫癭から飛び立った有翅《ゆうし》アブラムシがチョウチンゴケ属を中間宿主としていて、そこに蠟質《ろうしつ》球状の巣をつくって越冬するのです。ヌルデだけではこのアブラムシは生活史を全うできないのです。五倍子はいまでもごく普通にあちらこちらで見かけますから、きっとその近くにはチョウチンゴケ類の群落があり、アブラムシの生活に役立っているのでしょう。

枯れても死なない

テレビなどで復活草という植物が話題になることがあります。園芸店の店頭でご覧になった方も少なくないでしょう。あるいは雑誌の記事や広告などで、復活草にはトレハロース（最近話題の、食料品や化粧品に配合されている保湿性に優れた二糖類の一種。構造はグルコースによく似ています）がたくさん含まれているという情報をご存じかもしれません。植物だけでなく生物のほとんどは体から水分が奪われると死にますが、それは細胞内部における生命活動を維持するうえで水が欠かせない存在だからです。いったん死んでしまうと、もう元に戻ることはありません。ところが乾燥地帯に分布するある種の植物では、組織内部の水がほとんど失われても、再び水を得ると生き返る能力を持つことが知られていました。見た目は乾いて枯れ果てた植物が、緑色のみずみずしい姿に戻る様子がとても印象的で、そこから復活草と名づけられたのでしょう。英語の辞書でこの言葉（resurrection plants）を調べてみると、そこには二つの植物が挙げられています。一つは英名 little club moss あるいは spike moss、学名を *Selaginella lepidophylla* というイワヒバの仲間です。moss という名前がついていますが、コケ植物ではなく広い意味でのシダ植物で、北米のテキサス州やアリゾナ州から中米にかけての乾燥地に生えています。もう一つはアブラナ科の仲間でアンザンジュ属の *Anastatica hierochuntica*、通称「エリコのバラ（rose of Jericho）」です。これも乾燥地に生える植物で、シダ植物の復活草と同じように乾燥すると葉がすべて巻き上がってボール状になり、雨で湿ると元どおりに葉を展開させます。回転散布する植物としても有名で、丸まった地上部だけがちぎれて風で転がって移動します。アフリカ北部と南西アジアに広く分布しますが、これを煎《せん》じたものは出産の苦痛を和らげるという言い伝えがあり、アンザンジュ（安産樹）という和名がつけられているそうです（ともにインターネットで学名を使って検索すると見事な写真を見ることができます）。

高等植物以外にも「復活」する生物がいくつか知られています。私たちに身近なものとしては、パンをつくる際に使う乾燥酵母《こうぼ》ドライイーストがそうです。これは酵母菌を乾燥させて売られているものですが、水に戻すとすぐに活動を始めます。また、熱帯魚を飼われている方、あるいはやや年輩の方の中には、シーモンキー（正式にはアルテミア、あるいはブラインシュリンプ）をご存じの方もおられるでしょう。乾燥したタマゴを水に入れると一日ほどで孵化《ふか》して水中を泳ぐ、愛らしい小さな生物です。シーモンキーは甲殻類《こうかくるい》の仲間で、乾燥に強い耐久卵をつくります。袋に入れて売られているのはその卵です。同じ甲殻類では、田植えをすませてしばらくした田圃で、たくさんのカブトエビが急に湧いたように現れてどこに隠れていたのかと驚かされることがありますが、これも土の中で休眠していたカブトエビの卵がいっせいに孵化したものです。水が得られず生育に不適な時期を、乾燥に強い休眠卵でやり過ごしているわけです。

このように、乾燥にさらされると何らかのかたちで休眠し、再び水が与えられると生き返る生物が、いろいろな分類群にみられます。こういった生物には乾燥状態で生き続ける能力が備わっているだけでなく、わずかな水ですぐに「復活」して元の姿に戻ること、そして生命活動を再開させることの二点がとても重要です。植物の場合には、光合成が再開することで本当の意味での復活を遂げたことになります。なぜならば、生きているかどうかに関係なく、水を与えるとゆっくりと元の姿に戻るものも少なくないからです。干し椎茸《しいたけ》がその良い例です。

復活草ほど有名ではありませんが、コケ植物にも乾燥状態で長期間生き続けているものが知られています。というよりも、陸上植物の中ではコケ植物こそが、最も上手に「復活」する性質を発達させているのです。私の恩師である北川尚史博士が書かれた「コケの生物学」(『プランタ』21号、一九九二年)には、コケ植物の生育環境の特徴について以下のような記述があります。

「山中の渓流沿いの、水しぶきのかかる岩の上を一面にコケが覆っているといった情景はよく見かける。しかし、そのような場所に生えるコケの種数は比較的、少ないのであり、少数の種が大きな群落をなして生えているためによく目立つのである」

「実際には、水辺や湿地のように恒常的に湿潤な環境よりも、雨、霧、露などの形で一時的に水が供給される環境に生活しているコケの方がはるかに種数は多い。特に、維管束植物が根を下ろすことのできない岩上や樹幹上はコケの恰好《かっこう》の生育地であり、そのような水の得にくい環境で多くの種が分化している」

つまり、多くのコケ植物には乾燥に耐える力が備わっているのです。確かに水辺や水中に生える苔、たとえば蘚類のカワゴケやオオバチョウチンゴケなどでは、地上に取り上げて乾燥させると数日ほどしかもちませんし、濡れたまま高温にさらされると蒸《む》れることもあって、数時間直射日光にさらすだけで死んでしまうこともあります。しかし、陸上を生活の場としているほとんどの種類は、乾燥に強いものが多いのです。たとえば、岩の上に生える蘚類ギボウシゴケ属の仲間では、室温に保ったデシケーター（乾燥剤を入れた気密性の乾燥容器）の中で六〇週間も生存していた記録があります。民家の石垣や墓石などにごく普通に生えているヒジキゴケという蘚類では、七ヶ月間乾燥状態に置いてもまったく変化がありません。コケ植物の胞子はさらに乾燥に強いようです。蘚類のヒョウタンゴケは一三年、ヤノウエノアカゴケでは一六年後にも発芽能力が残っているという記録がありますし、高山で稀《まれ》に見つかるイシヅチゴケという蘚類では二〇年という記録も残されています（これらの記録は植物標本庫に保管されている乾燥標本をもとに調べられたものです。標本庫というのは標本にカビが生えないように湿度が低く保たれており、ここに長期間所蔵されている標本を調べることで、乾燥耐性を知ることができるわけです。これは野外におけるよりもずっと厳しい条件です。というのも、野外では明け方には露が降りますから、岩の上に生えていたとしてもそのあいだは潤《うるお》うことができるのですが、室内ではそれも期待できず一年を通して完全に乾燥しているからです。郊外ではあまり水をやらなくても庭石上の苔が枯れず、逆に都会では苔を育てにくいのもこれと同じで、朝露の有無が原因なのです）。

適応と受容のハーモニー

植物が乾燥に対応するやり方は、二つに大別することができます。積極的な「適応」（回避を含む）そして「受容」です。

組織が複雑に分化している高等植物では、前者の適応がより発達しています。たとえば、葉の表面に厚いクチクラ層を発達させた照葉樹、葉を落として蒸散《じょうさん》量を抑える落葉樹、植物体は枯れて種子のかたちで生き残る一年草の仲間、葉がトゲに変形して蒸散を抑え、かつ貯蔵組織を発達させているサボテンやトウダイグサの仲間、地下深くの水脈まで根系を長く伸ばす砂漠に生える灌木類、そして夜のあいだだけ葉の気孔を開き、呼吸にともなう水分消失を最小にするベンケイソウ型有機酸代謝（CAM）回路を発達させたベンケイソウ科やパイナップル科の仲間などが挙げられます。パイナップル科の中には、エアープランツとも呼ばれるチランジア属の仲間のように、空気中の水分だけで生きてゆけるものさえあります。

一方、コケ植物などの下等植物では体のつくりがもともと単純ですから、高等植物のようには工夫の施《ほどこ》しようがありません。コケ植物の葉の表面には水分の蒸発を防ぐクチクラ層がほとんど発達していませんし、深い場所から水を吸い上げる根もありません。まして貯蔵組織などつくりようがないわけです。それだけではなく、コケ植物では葉の厚みが一細胞分しかないのが普通ですから、周囲の空気が乾燥すると細胞壁を通して体内の水分が急速に蒸発して失われてしまいます。それでもなるべく蒸散を抑えるように、茎の表皮の細胞が透明になって直射日光を反射したり、乾くと葉が折り畳まれたり縮れたりすることで、乾燥に対するいちおうの防御策を備えてはいますが、あまり役に立っているようには見えず、しょせん焼け石に水のようです。そこで「受容」というまったく異なる生き方を選んだのです。これはつまり、乾燥すると植物体全体が積極的に乾いてしまい、すべての生命活動を一時的に中止して休眠することで乾燥に耐えるやり方です。乾くならば乾いてしまえ、そのかわり雨が降ったら急いで水を吸収して再び光合成を始めよう、これこそがコケ植物が選択した、周囲の状況をあるがままに受け入れる「受容」の生き方なのです。この性質を専門用語では変水性(poikilohydry)といい、コケ植物や地衣類、あるいは少数のシダ植物などにみられる特徴です。

この性質があるからこそ、河原の岩上や石垣、木の幹といった、ほかの植物がなかなか定着できない場所でもコケ植物が生きてゆけるのです。また、高山や極地などひじょうに気温の低い場所に生育するコケ植物では、乾燥することで細胞内の凍結を避け、普通ならば生きてゆけないほどの低温にも耐えることができるという利点もあります。

乾燥した細胞内部でどんな変化が起こっているのか、まだよくわかっていません。原形質分離が起こっているのかどうかさえも、研究者によって違う結果が報告されているほどです。分子生物学の方面からは、乾燥状態における休眠と復活にはメッセンジャーRNAの活動が深く関わっているらしいことが示されているのですが、それはいままさに研究が進みつつある分野で、近い将来には興味深い結果が報告されることでしょう。

乾燥耐性の発達している植物は直射日光の当たる場所に生えているのが普通ですから、乾燥だけではなく強い光によって引き起こされるさまざまな障害（光障害）への対応も必要になります。コケ植物ではありませんが、イシクラゲという藍藻《らんそう》（現在は藻類ではなく藍色細菌とされています）を使って研究された兵庫県立大学理学部の佐藤和彦博士によれば、再び水を与えられた際に素早く（そして永続的に）光合成を再開する能力がイシクラゲには発達しているだけでなく、植物体の乾燥に歩調を合わせるように、光合成にともなって生じる細胞内の活性酸素の生産が抑制されるのだそうです。活性酸素が原因で光障害が生じるのですが、乾燥耐性を持たない種では乾燥しても活性酸素の生産は抑制されず、その結果細胞への障害が起こりやすくなるのです。同様の機構が乾燥地に生えるコケ植物にもきっと備わっていることでしょう。乾燥を受容したコケ植物は、進化の歴史の中で、その小さい体にもかかわらず実に精妙な適応を遂げてきたのです。

銅ゴケの謎

お参りや観光で寺院や神社を訪れる方も多いかと思います。もし建物が銅葺《どうぶ》き屋根であったならば、屋根に降った雨がしたたり落ちる溝のあたりをぜひご覧ください。ほかの植物はほとんど生えていないのに、ふっくらと盛り上がった緑色の塊をつくっている苔が見つかるかもしれません。それがホンモンジゴケです（図12）。

図12　西芳寺のホンモンジゴケ群落が生育する側溝

ホンモンジゴケは世界に広く分布する蘚類の仲間です。日本からは東京都大田区にある池《いけ》上本門寺《がみほんもんじ》で初めて見つかりましたので、このような和名がつけられています。これまで五〇を超える生育地が日本で見つかっていますが、その多くは神社仏閣の敷地内にある銅葺き屋根や青銅製灯籠《とうろう》の下です。京都府レッドデータブック調査の一環で西芳寺《さいほうじ》（苔寺《こけでら》）を訪れた際にも、本堂軒下に見事な群落をつくっているのを見ました。野山にも生えていますが、その多くは古い銅鉱山の廃坑や精錬所の近くのはずです。

なぜならば、ホンモンジゴケは典型的な銅ゴケ、見つかる場所が必ずといっていいほど、強く銅と結びついているコケ植物だからです。

高濃度の銅は生物にきわめて有害です。日本の公害の歴史の中で特に有名な足尾《あしお》鉱毒事件は、鉱山から廃棄された硫酸銅がその原因でした。ところが、不思議なことにホンモンジゴケはわざわざそんな場所を選んで生えているのです。国立環境研究所の佐竹研一博士の調査によると、雨水には普通〇・〇〇一ppm程度の銅が含まれていますが、銅屋根に降った雨を集めて測定したところ、池上本門寺では六・二ppm、日光大猷院《たいゆういん》で一・五ppm、筑波山神社で一・二〜一・七ppmという高い数値が報告されています。つまり雨水が銅屋根の表面を流れることで含まれる銅濃度が数千倍になるわけです。銅濃度が一ppmを超える水中ではほとんどの動植物が生存できないといわれていますから、銅屋根からしたたり落ちる雨水を受けて生きてゆける生物というのはきわめて珍しいことになります。

ホンモンジゴケの植物体に含まれる銅濃度を、四ヵ所で得たサンプルを使って測定したところ、九〇四〇〜一万八六〇〇ppmという数字が得られています。植物に含まれる銅の濃度は乾燥重量あたり三〜一五ppmが普通ですから、これはちょっと信じがたいほど高い数値ということになります。特殊な装置を使い、体内に吸収された銅がどこに分布しているのかを調べたところ、そのほとんどは細胞質ではなく細胞壁に選択的に蓄積されていました。

細胞質という生命活動を活発におこなっている場所ではなく、いってみれば壁や柱の役割を果たす細胞壁に銅を貯め込むことで、悪影響を最小限に抑えているのだと考えられています。しかしながらこうした分析では、ホンモンジゴケがなぜ銅と結びついて生きているのか、という疑問は残されたままです。そして、その生育に銅が不可欠ゆえに高濃度の銅のある場所をみずから選択して、あるいは無害化しながら生きているのか、逆に、競争力に劣るためほかの植物が入ってこられないほどひどく汚染された場所を選ばざるをえないのか、そのいずれかもまだはっきりしていません。今後に残された研究課題です。

ホンモンジゴケは前述のように世界に広く分布していますが、ヨーロッパの群落はどうやら人の手によって近年になってもたらされたのではないかと疑われています。なぜならば、一〇〇年以上にもわたってコケ植物の分布がひじょうに詳しく調査されてきた英国でさえ、一九六七年になって南ウェールズの精錬所跡から初めて見つかったからです。北米とヨーロッパ各地のホンモンジゴケ集団の遺伝的分化を酵素多型を用いて調べた研究では、遺伝的な分化はほとんど起こっていないことが明らかにされましたが、この研究結果によっても最近になって持ち込まれたのだという仮説が支持されます。なぜならば、もし自然の分布だとすれば、長い年月をかけて分布域が広がったと考えられますが、時間の経過とともに北米とヨーロッパのそれぞれの集団の間に遺伝的分化が生じるはずだからです。

銅ゴケはホンモンジゴケだけでなく、蘚類ホソバゴケ属などほかにも何種か知られています。それらは実際に鉱山周辺から見つかることから銅ゴケだと判明したのですが、実験でもその耐性が確認されています。いずれも銅を体内に蓄積する点ではホンモンジゴケと同様です。

コケ植物以外にも、高濃度の重金属などを体内に蓄積する植物が知られています。有名なものとしては、金鉱の存在を指し示す植物として、鹿児島県北部の菱刈《ひしかり》鉱山発見に関連して一時マスコミでも話題になったヤブムラサキが挙げられます。またある種の牧草（ゲンゲ属やクシロリザ属）は土壌中のセレンを吸収し、体内で一〇〇〇倍以上に濃縮させることが知られており、一九世紀初頭の米国では、セレンを高濃度に蓄積した牧草をヒツジが食べたことが原因の大量中毒死が報告されています。また、重金属汚染に強いヘビノネゴザは金山草《かなやまそう》とも呼ばれ、鉱床を探す目印として利用されてきました。このシダは、根の細胞壁に銅や鉛を、細胞壁と細胞質中に亜鉛を、葉身にカドミウムを蓄積する性質があります。金沢城石川門とその周囲の鉛葺きの屋根が火災に遭《あ》い、周辺の石垣が高濃度の鉛で汚染された跡に、大量のヘビノネゴザが生い茂ったそうです。

変わった環境に生きる

日本は石灰岩を豊富に産する国です。いろいろな場所に石灰岩の大きな露頭《ろとう》があります。コケ植物には石灰岩上だけに見つかる種類がたくさん知られています。これらが石灰岩に好んで生える、つまり「好石灰岩性」の植物なのか、あるいは石灰岩露頭にほかの植物があまり生えず競争が厳しくないため、しかたなくそこで生きている「石灰岩耐性」なのか、あまりよくわかっていません。熱帯から温帯まで広く分布する種類で見てみると、熱帯では樹幹などに生育し分布の端にあたる日本では石灰岩上にだけ見つかる、といった例も少なくありませんから、寒冷地における一種の避難場所として利用しているのかもしれません。また石灰岩中には多量のアルミニウムが含まれているとのことですから、石灰岩耐性とはすなわちアルミニウム耐性を意味しているのかもしれません（アルミニウムも植物にとって毒物です）。そのほか、コケ植物によってはウランやストロンチウムなど実にいろいろな金属を貯め込むものもあるようです。この性質を使った放射性物質拡散を監視する技術の研究が進められているという話もあります。

コケ植物は、きわめて酸性の強い場所に生育することもあります。ミズゴケが生える高層湿原はそのpHが低く、腐食質に由来する、透明で茶色の水がそれをよく表しています。魚も住めなくなるほど酸性化が進行した湖沼にミズゴケだけが繁茂していることもあります。水生苔類のチャツボミゴケは、酸性の強い温泉の水が流れ込む場所に大群落をつくることで有名で、群馬県奥草津の六合村《くに》にある穴地獄と呼ばれる場所の群落などは観光名所にもなっています。おもしろいことに、チャツボミゴケもまた体内に重金属を貯め込む性質があります。たとえば大分県の久住山《くじゅうさん》の調査では、チャツボミゴケが生育する場所の水を調べたところ、アルミニウム、鉄の濃度がそれぞれ三・七ppmと〇・〇三ppmであったにもかかわらず、チャツボミゴケの体内ではそれぞれ一〇〇〇～一二〇〇〇ppm、五万七〇〇〇～七万五〇〇〇ppmという数値が得られ、数千倍から数百万倍の濃度に達していたことが報告されています。

下北半島にある恐山《おそれざん》湖（宇曾利山《うそりやま》湖）はpHが三・四～三・八ときわめて酸性化が進んでいる湖ですが、その湖底にはウカミカマゴケという水生蘚類が生育しています。一九三一年（昭和六年）の調査では、湖底の約六〇％がウカミカマゴケの群落で覆われており、深いところで水深一〇メートルの場所にもみられたそうです。一メートル以上に伸びる茎の先端わずか一五センチメートルほどが生きているだけで、それより下の部分はヒ素を含む鉄化合物のために赤褐色から黄色になっていたとのことです。

最後に、とても変わったコケ植物を紹介しましょう。それは原糸《げんし》体《たい》だけで生きている蘚類です。長野県中央アルプス山中の急峻《きゅうしゅん》な沢の途中から温泉が湧き出ている場所があり、そこは水質が強い酸性を示します。その流れに半ば浸かるように生育している、あたかも藻類のような不思議な緑色の塊が見つかり、ミスズゴケと名づけられました（口絵C、図13）。顕微鏡で観察してみると、茎や葉はまったくなく、一列に細胞が並んだ糸状の植物体が複雑に絡み合ったものでした。当初はその形態から緑藻類《りょくそうるい》の仲間ではないかと疑われたのですが、葉緑体の形と数、細胞の隔壁《かくへき》の様子などから蘚類の原糸体であることがわかりました。rbcLという葉緑体遺伝子の一つの塩基《えんき》配列を調べて他の種類と比較したところ、蘚類の中でもススキゴケ属（シッポゴケ科）に近いものだということが確かめられました。おもしろいことに、この「偽《にせ》マリゴケ」が見つかった周囲には、茎と葉を持つ植物体がまだ見つかっていません。本来ならば原糸体上に芽ができ、そこから通常の植物体（つまり茎葉体）が生じるのですが、どうやらミスズゴケは原糸体だけでずっと生き続けているようなのです。コケ植物の中にはスギゴケの仲間であるハミズゴケ

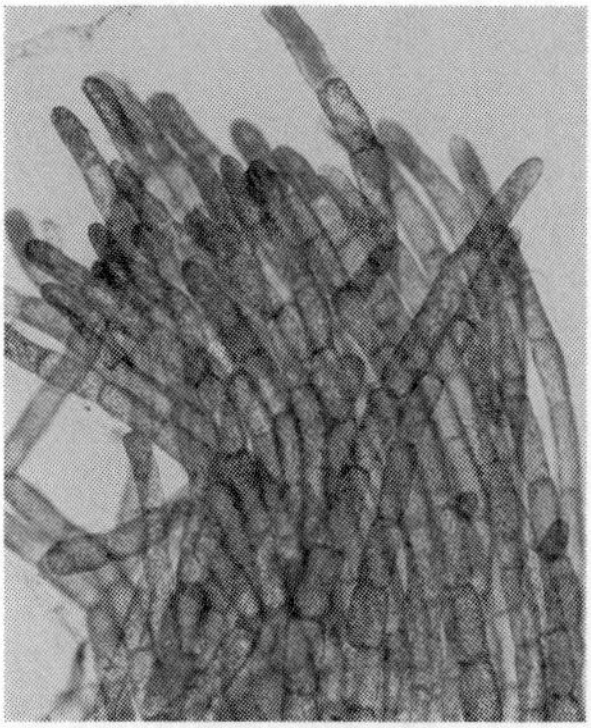

図13　ミスズゴケの原糸体の顕微鏡写真　樋口澄男氏撮影

や東南アジア熱帯に分布する蘚類エフェメロプシス属のように、生活史の中で原糸体が優占し茎葉体はほとんど退化してしまっている種がいくつか知られています。原糸体が地面に広がって光るヒカリゴケもその例でしょう。しかしながら、原糸体だけで永続的に生きているという例は、これまで報告されたことがありません。これはシダ植物での例ですが、京都の吉田山や北米アパラチア山脈には胞子体（つまり通常のシダの植物体です）をつくらずに前葉体だけで生き続けている複数の種が知られています。酸性の強い水中という特殊な生育環境のもと、ミスズゴケは茎葉体を分化させることができずに偽マリゴケ状態にとどまって生き続けているのかもしれません。

ヒカリゴケをめぐる話

夕闇《ゆうやみ》にほのかな光を放つ初夏の風物詩、ホタル。光る生物といえば誰でもまずホタルを思い出すでしょう。みずから光を放つ生物はホタル以外にもいくつも知られています。ヤコウチュウやホタルイカ、あるいはウミホタルなど、夜の海で妖《あや》しく輝くものばかりではなく、ゴカイやムカデなど三〇〇種以上もの発光する動物がこれまでに見つかっています。あまり機会はないかもしれませんが、夜ともなると真っ暗になる熱帯の森の中を歩くと、林床のあちらこちらで発光バクテリアがほんのりと光っているのを見ることもできます。なかにはオーストラリアやニュージーランドの洞窟で、グローワーム（土蛍）を見た人もいるかもしれません。これら光を発する生物は、餌を捕らえたり交尾相手を探したり、そのいずれも必要があって光を放っています。

菌類にも光るものが知られています。発光キノコとして有名なヤコウタケやシイノトモシビタケは、日本でも南の地方にみられる熱帯性のキノコですが、近年の温暖化にともなって本来の分布域から少しずつ北上しています。数年後には本州の各地でも割と身近なものになるかもしれません。ヤコウタケは八丈島でグリーンぺぺの愛称をつけられ、観光資源（ビジターセンターにあるキノコの部屋）として活用されているそうです。本州で光るキノコといえば、毒キノコとしても有名なツキヨタケです。ブナやミズナラの森では、木の幹にびっしりと群生しているのをよく見かけるキノコです。名前のごとく、真っ暗な中で見ると、ぼんやりと薄黄緑色に輝いているのがわかります。

植物の中で光るといえば、一番有名なのは蘚類のヒカリゴケではないでしょうか。コケ植物は人間にとっては総じて地味な存在で、苔庭以外ではそれほど親しまれていないようですが、ヒカリゴケだけは別格で、実物は知らなくても名前は聞いたことがある人も多いはずです。少し年輩の方には、武田泰淳《たけだたいじゅん》の小説の題名が思い浮かぶかもしれません。北日本では観光地の目玉となっているところも少なくありません。ところでこのヒカリゴケ、どのようなメカニズムで光を放つのでしょうか。

実際にヒカリゴケの生えている場所を見るとわかりますが、たいていは穴の奥の薄暗い場所です（口絵E）。そしてその光はとても弱いもので、見る角度によってはほとんど輝きがありません。一番よく光るのは、太陽を背にして穴を覗《のぞ》き込んだときで、ある特定の角度になると一番明るく見えます。このことからわかるように、ヒカリゴケは自分で発光するのではなく日光を反射して光るだけなのですが、そこにはなるほどと思わせる精妙な工夫も施されています。

ヒカリゴケの本当の植物体（つまり配偶体、第1章の「根を持たず胞子で増える」参照）は、白っぽい薄緑色でとてもなよなよした体つきをしています。葉は短い茎に沿って二列につき、上下の葉は基部で少しつながっています。まるでシダ植物の一枚の羽片のようにも見える形です。そして、この植物体自身はまったく光りません。光って見えるのは、植物体が生えている地面の方です。肉眼ではよくわかりませんが、実はこの地面の表面には、ヒカリゴケの原糸体が薄い膜のように広がって生えているのです。原糸体の顕微鏡写真を見ると、細長い糸状の原糸体のほかにたくさんの円盤状の細胞が目立ちます（図14）。この円盤状の細胞では、黄緑色の葉緑体が一ヵ所に集まり、ちょうどレンズのような働きをして、穴の入り口から差し込んでくる光を反射します。これが太陽がなければヒカリゴケは光って見えず、またその光が黄緑色をしている理由です。なぜ他のコケにはほとんど見当たらない、こんな奇妙な仕掛けが発達したのかはよくわかっていません。強いてその理由を挙げるならば、ヒカリゴケが生える薄暗い場所でわずかな光を効率的に利用できるように、集光レンズのような葉緑体が生まれたのでしょう。原糸体は地面上に広がっていますから、もしほかのコケ植物や草木がその場所に侵入してくると、競争に負けて原糸体はなくなってしまいます。もともと強い光が苦手な、薄暗い場所を好む種なのでしょうが、他の種との競争を避けて洞窟の奥深く、わずかに光が届くところを常の住処としているのでしょう。ヒカリゴケ生育地の光条件を調べた研究例では、原糸体がよく繁茂しているのはおよそ四〇〜一〇〇ルックス、他に植物には適さない薄暗さの場所で、それ以上明るいと他のコケやシダなどが生えてきてしまいます。ただしこのヒカリゴケでも、植物体が生じているのは原糸体のある場所よりも少し明るい場所に限られます。生育地を保護するのであれば、その場所を一五〇ルックス以下に抑える必要があるとのことです。

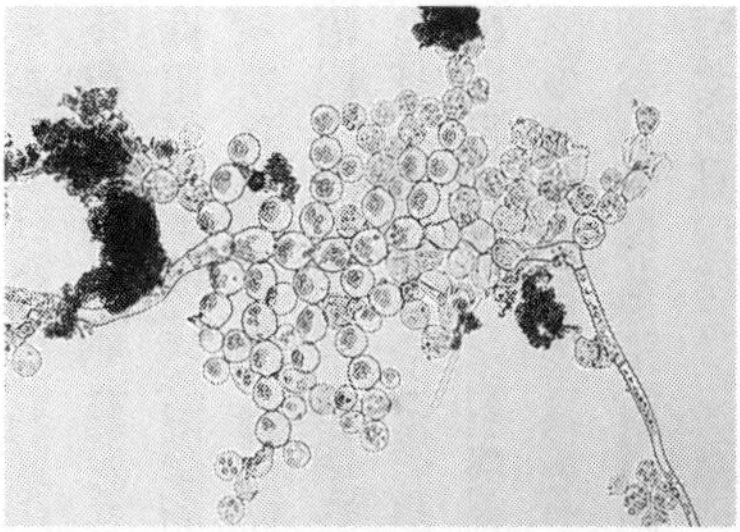

図14　ヒカリゴケの原糸体の顕微鏡写真　円盤状の細胞が多数みられる．伊沢正名氏撮影

ヒカリゴケは一七八〇年代に英国から初めて報告され、その後北半球の冷温帯地域に広く分布していることがわかりました。光るという特性が植物学者の興味を引いたようで、一九世紀の後半には解剖学的な研究がおこなわれています。いまでは欧州、北米、そして東アジアの各地で発見されています。日本で初めてヒカリゴケが見つかったのは、一九一〇年（明治四三年）長野県北佐久《きたさく》郡岩村田《いわむらだ》町（現佐久市岩村田）という場所でした。ここは日本最初の発見地ということで、国の天然記念物に指定されています。一九一六年（大正五年）に埼玉県の吉見百穴《よしみひゃくあな》（比企《ひき》郡吉見町）でも見つかり、ここもまた国の天然記念物となっています。その後はあちらこちらで見つかっています。北陸や中部地方ではそれほど珍しいものではなく、よく探せば大岩の隙間や土がえぐれたような場所、あるいはウサギ穴の奥などに、少量ですが見つけることができます。いまのところは本州東海地域よりも北に分布が限られていますが、近畿地方でも冷涼な場所では今後見つかる可能性もあります。

国内でヒカリゴケが有名なのは、先に触れた長野県岩村田や吉見百穴以外に、皇居外苑、北海道羅臼《らうす》のマッカウス洞窟、富山県立山《たてやま》の麓の称名《しょうみょう》の滝周辺、そして群馬県浅間山麓の鬼押し出しなどです。また知床《しれとこ》・大雪山《たいせつざん》国立公園など地域指定天然記念物四ヵ所では、稀少《きしょう》種としてヒカリゴケが指定植物にされています。そのほか地方自治体が独自に天然記念物としている例はずっとたくさんあります。最も見事なヒカリゴケ群落とされているのが、羅臼マッカウス洞窟です。これは海に面した海蝕洞《かいしょくどう》で、入り口の幅約一〇メートル、高さ三メートル、奥行二八メートルに達し、ヒカリゴケを長年にわたり研究されてきた山岡正尾氏がまとめられた著作『光蘚との五十年』によれば、国内最大のヒカリゴケ群落であるとのことです。

分布上興味深いのは、皇居外苑のヒカリゴケです。「江戸城跡のヒカリゴケ生育地」として国の天然記念物に指定されています。こんな都心の真ん中にまさかヒカリゴケがあるとは、実際に発見されるまで誰も考えなかったことでしょう。ここでヒカリゴケが初めて見つかったのは一九六九年（昭和四四年）九月二九日のことで、千代田区在住の書道家が千鳥《ちどり》ヶ淵《ふち》水上公園を散策中に石垣の隙間に生えているのを偶然見つけたのでした。その後国立科学博物館の井上浩博士によって確かにヒカリゴケであることが確認され、急遽《きゅうきょ》現地調査がおこなわれました。皇居内に石垣はたくさんありますが、専門家による調査でもヒカリゴケが生育しているのは最初に見つかった場所だけだったそうです。それから一年後の一九七〇年一二月四日には天然記念物に指定されたのでした。自然の分布としてはあまりに不自然ですから、江戸城石垣工事の際に岩と一緒に持ち込まれたものが、環境が適していたために現在に至るまでずっと生き続けているのだと考えられています。人為的に持ち込まれた可能性が高い生物が天然記念物に指定されているのは、少なくとも植物に関してはあまり例のないことでしょう。この場所を管理されている環境省皇居外苑管理事務所にうかがったところ、職員でもなかなか立ち入りがたい場所にあるため、それほど頻繁に見ているわけではないが、少なくとも二〇〇一年の時点では良好に生育していることを確認しました、とのことでした。

ヒカリゴケのほかにも「光る」コケ植物がいくつかあります。南半球にだけ分布するミッテニア・プルムラという蘚類は、その原糸体がヒカリゴケとよく似た形状をしており、同様なメカニズムで光ることがわかっています。このような特殊な形質を共有することから、両者は系統的に近いものだと考えられています。世界の熱帯域に広く分布している葉状の苔類ヒカリゼニゴケ属も光ります。ヒカリゼニゴケ属には数種が知られていますが、そのうちの一種が熊本県球磨《くま》郡球磨村岩瀬《いわせ》付近の石灰岩洞窟から見つかっています。ここが国内唯一の産地で、環境省絶滅危惧《きぐ》植物調査の一環としてコケ研究の専門家による調査が何度もおこなわれたのですが、いまだ再発見されていません。残念ながら、すでに絶滅してしまったようです。ただしヒカリゼニゴケの「光る」メカニズムはヒカリゴケとは異なっており、葉状体の表面（あるいはその直下の層）が光を反射して独特の輝きを呈するのです。いってみれば、林床下で虹色《にじいろ》に輝くシダ植物コンテリクラマゴケと同じ類です。「あたかも光るかのように輝く」というのが正解です。薄い膜が何層も重なると複雑な乱反射とプリズム効果とが重なって虹色に美しく輝きます。このようにして生じる色を「構造色」といいます。色のないところに色が生じるのです。もしかするとヒカリゼニゴケの輝きも構造色の一種なのかもしれません（構造色の一番わかりやすい例は、蝶《ちょう》の羽の色と艶《つや》です）。また、日本にごく普通にある苔類ヒメジャゴケも、薄暗い場所に生えると葉状体が薄くなり表面が光を反射するようになります。なかにはこれをヒカリゴケと誤解している人も少なくないようです。

二〇〇三年の日本蘚苔類学会において、神奈川県蘚苔類植物相調査をおこなっていた平岡環境科学研究所のメンバーが、鎌倉のとある場所でヒカリゴケを発見したことが報告されました。緯度と標高を考えると、皇居のヒカリゴケと同様、これまでに知られていた生育地とはかけ離れた環境です。ヒカリゴケはけっこうしぶとい生物なのかもしれません。自宅でヒカリゴケの栽培を試みている方もおられます。あまり難しい栽培技術は必要なく、夏の盛りの蒸し暑さをしのぐことができさえすれば、少しの工夫で市街地でもヒカリゴケを育てることができるそうです。私が見せていただいたのは、ウィスキーの角ビンを利用した、持ち運び可能な容器の中で育てられていたもので、なるほどこのような楽しみ方もあるものかと驚いたのをよく覚えています。

第3章　苔はこんなに役に立つ

地味で控えめな苔たちですが、意外にいろいろな場面で活躍しています。人間との関わりとしては、これは外国の例なのですが、遺留品の中に残された苔を頼りに殺人現場が特定されたという報告があります。私自身も警察の依頼を受けて苔の鑑定をおこなったことが何度かあります。都市部における大気汚染を測る指標としても、苔は注目されています。また自然界の中では少なくない動物が苔を餌《えさ》や住処《すみか》にしています。鳥のなかには苔だけで巣をしつらえるものさえいるのです。また、実は苔が森を守っているといえば、驚かれるのではないでしょうか。そんな苔の有用性の数々を、この章で取り上げることにしましょう。

装飾と鳥の巣

花やシダほどではありませんが、コケ植物も飾りに用いられることがあります。人間の装飾として用いられた例としては、ニューギニアの人々が大型になる蘚類《せんるい》ナンヨウスギゴケ属を髪飾りに使っていたという報告があります。また北欧では窓辺を彩る飾り物に苔や地衣類《ちいるい》を使うことが稀《まれ》ではないようです。私自身の経験としては、フィンランドの首都ヘルシンキに滞在中、苔でつくられた鞠《まり》がディスプレーとして雑貨屋の店頭に飾られているのを見たことがあります。日本のデパートでは、オランダから輸入した、緑色の染料で鮮やかに染めた乾燥苔が、人形づくりのキットの一部として売られてもいます。

私たちに最も親しまれている苔の利用法といえば、なんといっても苔庭でしょうか。あるいは、昨今室内インテリアとしてもてはやされつつある苔玉や、水草を水槽に植え込んで楽しむアクアリウムに利用されているいくつかの苔もそうかもしれません。苔玉やアクアリウムについては節を改めて詳しく触れますので、ここではそれ以外のコケ植物利用法についてまとめてみます。

蘚類は同じ種類を大量に集めるのが容易なため、いろいろな用途に使われることがあります。工場で規格どおりに製材された木材でなく、丸太や板を使って小屋を建てるとなると、どうしても隙間《すきま》ができてしまいます。その隙間を埋めるのには普通は土や植物が使われるのですが、コケは腐りにくいという特徴を持っているため、大型の蘚類が詰め物として用いられることもあります。私が見たのは、実際に人が住んでいる家ではなく、二〇〇〇年（平成一二年）に淡路《あわじ》島《しま》で開催された淡路花博《はなはく》会場の一角に建てられた小屋なのですが、隙間に詰められた苔が板の間から見えている様子はなかなか風情がありました。屋根に土を盛って草花を植えることもある今の時代ですから、もしかするとこれからのはやりになるかもしれません。

図15　トリスメギスティア属

　東南アジアに広く分布している蘚類トリスメギスティア属は、低地から山地林にかけて最も普通に出会う種類の一つです（図15）。分類学的研究が立ち後れていて、野外で採集した植物の名前もなかなか決められない、最も同定が難しい仲間の一つです。この問題を自分の手で解決してみようと一九九八年以来調べているのですが、この仲間は形態の変異が著《いちじる》しいためになかなか思うように進みません。

その研究の一環として、大英博物館（現在は自然部門が独立して、自然史博物館と呼ばれています）から大量の標本を借り受けたのですが、その中の一つにボルネオ島西部、現在のマレーシアのサラワク州クチン近郊で採集された標本がありました（図16）。この標本はちょっと変わっていて、普通よりもずっと大量の植物が一つの標本袋に収められていました。標本のラベルを見ると、採集された場所や採集年月日、採集者名以外に、猿の毛皮の中に詰め物として使われていた苔を標本にしたという来歴が書かれていました。この猿の毛皮、イギリス本国に商品として送るものだったのか、あるいは博物館用の動物標本として購入されたものなのか、そこのところはよくわからないのですが、いずれにしても現地で村人から購入したものなのでしょう。学名は属名だけがラベルに記載されており、そのことから判断すると、二〇世紀の初頭にこの苔が猿の毛皮から取り出され植物標本として整理されて以来、誰も詳しく検討しなかったようです。数あるコケ植物の中でもとても大きな種で、かつ立体的に枝分かれをしていますから、植物体がやや固くてクッションとしての能力に優れていることも手伝って、詰め物として都合がよかったのでしょう。おもしろいことに、詰め物にされたこの苔は、これまでに報告されたどの種類にも合致しないもので、検討の結果新種とすべきものであることがわかりました。間に合わせの詰め物に使われたくらいですから珍しい種類であるはずはなく、現地では手近なところにたくさん生えていたはずです。数年前、この標本が採られた場所の近辺で調査する機会がありました。標本ラベルに記載された簡単な記述だけを頼りにその場所に行って同じ種を見つけるのは普通は難しいことが多く（特にコケ植物では、体が小さいので余計に難しくなります）、はたして見つけることができるのか現地に赴《おもむ》くまで不安だったのですが、いざ探してみると拍子抜けするほど簡単に見つけることができました。やはりここでは普通種だったのです。個人的にとても思い出深い、詰め物に使われたコケでした。

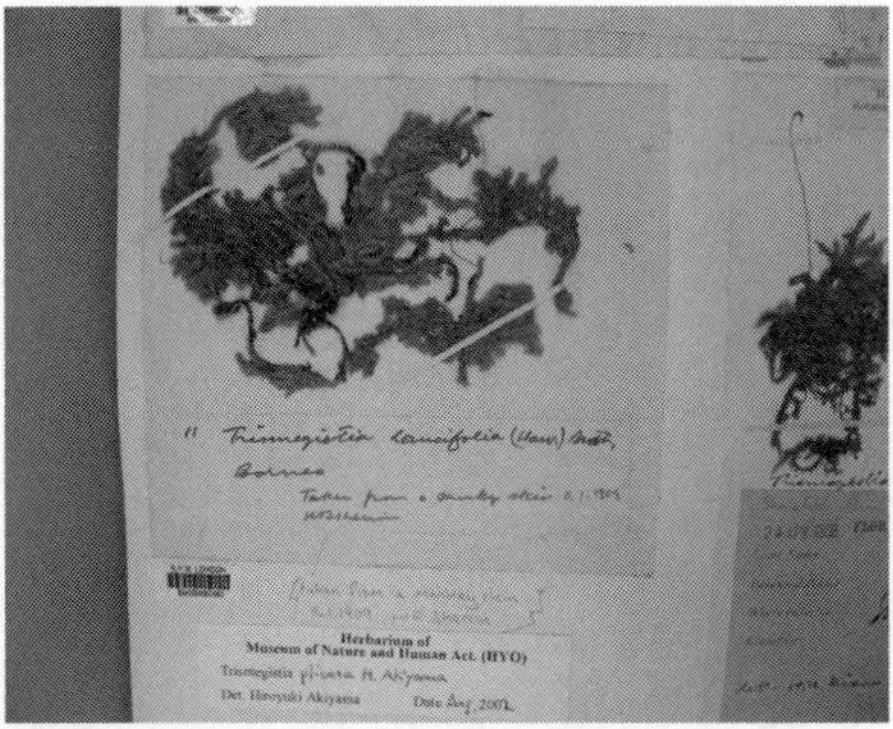

図16　トリスメギスティア属の標本

日本にあるコケ植物の中では蘚類のハイゴケが、詰め物として一番優れていると思います。混じりけのない大きな群落をつくることが多く、海岸のクロマツ林の林床《りんしょう》、田圃《たんぼ》の畦《あぜ》や公園といった、人里に近い明るい場所を好むため採集するのが簡単で、かつ大量に用意することができるからです。苔玉用としても一番よく使われているコケです。ハイゴケの学名は *Hypnum plumaeforme* といい、*Hypnum* という属名は睡眠を意味するギリシャ語が元になっています。これはもともと *Hypnos*（ヒュプノス）あるいは *Hypnus* という名を持つ眠りの神にちなんだものだといわれています。想像するに、ヨーロッパでは枕などの詰め物として使われたことがあったのではないでしょうか。

日本の例では、正倉院《しょうそういん》の中に大切に保管されている正倉院裂《ぎれ》を挙げることができます。敷物や覆《おお》い、あるいは袋裂などをそう呼ぶのですが、その一部からひとつまみのコケ植物が発見されました。当時この調査を託された熊本大学の野口彰博士の報告によれば、枕や装身具の詰め物として利用されていたものの残骸《ざんがい》ではないだろうかということです。このサンプルからは合計四種類のコケ植物が見いだされましたが、いずれも蘚類ミズスギモドキなど他の種類と混生せずに純群落をつくる大型種でありました。猿の毛皮の場合と同様、同じものを大量に集めやすかったことが、詰め物として選ばれた理由の一つなのでしょう。見つかった四種はどれもいまでは南方系の種とされているもので、当時の政治権力の勢力範囲が反映されているのか、あるいは昔の日本の気候はいまよりもずっと暖かかったのか、いずれにしても興味深いことです。また、栃木県下都賀《しもつが》郡大平《おおひら》町で発見された一三〇〇年前の舟形木棺《もっかん》からは、底に敷き詰められたミズスギモドキがやはり大量に見つかっています。いまの日本ならば、どこにでもたくさん生えているハイゴケを集めるのが一番簡単なことでしょう。

苔を利用するのは人間だけではありません。ここでは、鳥と昆虫たちが産卵場所あるいは住処として利用する事例を取り上げることにしましょう。第2章の「苔を住処とする生き物たち」でも触れましたが、ゲンジボタルは産卵や水中の幼虫がサナギになるために陸上にあがる際、水辺の苔を利用することはよく知られています。また、ムカシトンボは苔類《たいるい》のジャゴケやケゼニゴケなど、幅広い葉状体を持つ種類を選んで産卵管を刺し込み産卵します。借《しゃっ》孔性《こうせい》ハチ類（竹筒などに巣をつくる、狩りをするハチ類）は巣の入り口をふさぐのに土を使いますが、その中の一種アルマンモモアカアナバチ（アルマンアナバチ）は巣材に苔を使います。専門家に聞くと、入り口からあふれるほどに苔を詰め込むので、すぐにその正体がわかるといいます。使われたコケ植物の種類を調べた研究によれば、ハイゴケやシノブゴケの仲間、あるいはツヤゴケ属などの蘚類が含まれていました。インターネットで検索してみると、孔《あな》の入り口を緩く閉じるためには大型のオオトラノオゴケやトヤマシノブゴケなどを、育児室の手前をきっちりと外界から遮断《しゃだん》するためにはより柔らかくて詰め込みやすいナガヒツジゴケを用いているとのことです。このハチの場合も、その基本は周囲に豊富に生えている種類を使うことにあります。もっとも、狩りバチたちの餌を探す能力はずば抜けていて、昆虫の専門家でも見つけることが難しいものでさえいとも簡単に探し出しますから、必要な苔とあればその鋭い勘でどこからでも調達するのかもしれません。

コケ植物を材料とする鳥の巣は意外に研究が進んでいて、蘚苔類関係の学術雑誌にもいくつかの報告が掲載されています。コケ植物研究者にも興味深い話題なのでしょう。折よくこの原稿を書いていた二〇〇三年夏に、大阪市立自然史博物館で「実物日本鳥の巣図鑑　小《こ》海《がい》途《と》銀次《ぎんじ》郎《ろう》コレクション展」が開催されていました。さっそく見学に出かけたのですが、実物の巣が多数展示されとても見応えのあるものでした。なかでもコケ植物を使って巣をつくる鳥が、実は国内外にたくさんいることを知ったのが一番の収穫でした。

巣の材料のうちコケ植物がどれくらいの割合を占めるかは、鳥の種類によってかなり異なります。コケ植物を主要な材料とするのは、オオルリやカワガラス、ミソサザイなどで、巣の外壁や内側のほとんどが苔から成り立っています（図17）。亜高山帯に棲《す》む鳥の中には、サルオガセ類（地衣類）をおもな材料とするものもいます。先ほどの特別展の図録『実物日本鳥の巣図鑑』によると、蘚苔類を巣材とする鳥はすべてがスズメ目に属していて、一二科二六種もいるのだそうです（このうち、サメビタキとウソの二種は地衣類を使います）。とりわけ興味深いのは、水鳥や猛禽類《もうきんるい》など大型の鳥たちはコケ植物を巣材に使うことがなく小型の鳥に多いことと、分類学的に近縁な鳥たちが揃ってコケ植物や地衣類を巣材に使う場合のあることです（たとえば、ヒタキ科とカササギヒタキ科、シジュウカラ科、樹上に巣をつくる大型のツグミ科など）。

新潟県で見つかったオオルリの巣を調べた研究例では、巣の外壁のほとんどが蘚類トヤマシノブゴケからできていて、産座《さんざ》は細い木の枝が使用されていました。愛知県東部の鳳来寺《ほうらいじ》山《さん》で見つかったオオルリの巣では、蘚類のナガスジイトゴケが外壁に用いられていました。これら外壁に用いられていた蘚類は、ともに至るところにごく普通に産するものです。また鳳来寺山の事例では、細い木の枝（あるいは根状菌糸束）の代わりに、コバノキヌゴケ属の光沢ある紅褐色《こうかっしょく》の胞子体が二、三〇〇本も敷き詰められていたそうです。産座に菌糸束（担子菌類の菌糸が撚《よ》り集まって太くなったもので、特に発達した場合にはつやつやした黒くて長い細めの針金状となり、根状菌子束といって摩訶《まか》不思議な形状を呈します。根状菌糸束はリゾモルフ、あるいは「山姥《やまんば》の髪の毛」などとも呼ばれます）が用いられることはよくあることなのだそうですが、その代用品として蘚類の胞子体、特に蒴柄《さくへい》の部分が使われたのでしょうか。前出の図録にも、オオルリの巣の産座にキンシゴケ科の蘚類の蒴柄が使われた事例が掲載されています。キンシゴケ科の蒴柄は長いものでは数センチメートルにもなり、また何十本も群生しますから、オオルリにとって探すのが容易で使いやすいのかもしれません。またメジロなどでは、巣材の苔をしっかりと固定するためにまずはじめにクモの糸を使うといった高等な工夫をする

図17　苔だけでつくられたオオルリの巣　黒崎史平氏撮影

ことも知られています。

カワガラスは特に好んで外壁部分にコケ植物を使いますが、その構成種を調べた研究によれば、実に蘚類二〇種、苔類四種もが用いられていました。おもなものは、アオハイゴケ（七七・四％）、ツクシナギゴケモドキ（一四・七％）、オオバチョウチンゴケ（三・七％）であり、上位五種（すべて蘚類）で全体の九七・三％を占めています。苔類はごく微量で、蘚類を集める際に偶然混じったと考えてよいでしょう。生育地別に見ると、ほとんどが水辺に生えるものですから、川縁《かわべり》にあるカワガラスの巣の近所から材料を調達しているに違いありません。巣の材料というのは、なににもまして容易に集められるものであることが重要なのでしょう。というのも、巣づくりだけに時間を費やすことは、すなわち育児にかける時間を減らすことに直結するからです。亜高山帯の針葉樹林に棲む鳥では、やはり豊富に生えていて手に入れやすいサルオガセ類などを巣材に用いるものもあります。結論としては、鳥たちは周囲に豊富にある、柔らかな材料を使っているということでしょうか。また変な匂いがしないことも大切なはずです。その点では精油成分を含んでいる苔類は失格であり、実際に苔類をおもな巣材とする鳥はまだ見つかっていません。

コケ植物は一般に抗菌性があるといわれ、カビが生えることがほとんどありません（野外で採集したコケをビニール袋に入れておくと、このことがよくわかります。普通の草であれば二、三日もすると腐ってしまうことも多いのですが、コケはずっとそのまま生き続けています。後述するように、これは一番簡単なコケ栽培方法でもあります）。もしかすると、鳥たちもこの特性を知ったうえで巣材にコケを使っているのかもしれません。また、地衣類を使った例でとりわけおもしろいのは、ウメノキゴケ類を巣の外壁にぺたぺたと貼りつける鳥がいることでしょう。これは装飾なのか、あるいは、自分の巣を周囲から見分けにくくする一種のカモフラージュなのか。ぜひ自分の目で実際に見てみたいものです。

味と匂いの不思議な成分

野外で採ってきた苔をしばらくのあいだ生かしておこうと思うなら、少し湿らせてから家庭用のポリ袋に入れてしっかりと密閉し、室内であればどこでもいいのですが、暗くはないけれども直接日が当たらない場所に放置しておくのが、一番手間のかからないやり方です。苔には根がありませんから、栽培するために土は不要です。養分もとりたてて与える必要はありません。これだけで数ヶ月は大丈夫。ときどき霧吹きなどで水やりすることさえ忘れなければ、かなり長いあいだ生かし続けておくことができます。惣菜《そうざい》などが入っていた、ある程度の深さのある透明なプラスチック容器に入れてやれば、飾っておくにも見映えがします。

ただしこれはコケ植物だけに使える方法で、ほかの植物で試してみると、冷蔵庫などの冷暗所で保管してやらないかぎり、弱いものであれば数日でカビが生えたり腐り始めたりします。この違いはコケ植物が体内でつくり出している抗菌作用を持つ物質の働きによるものなのです。カビが生えにくい仕組みがコケ植物には備わっているわけです。コケ植物を水溶性の溶媒に浸したときに抽出されるポリフェノール系の物質、あるいはメタノールによる抽出で得られる物質には、グラム陰性菌やグラム陽性菌、病原性カビ類の成長を阻害《そがい》する作用のあることが実験で確かめられています。日本産蘚類八〇種で調べたところ、そのほとんどに何らかの抗微生物物質が認められたという報告もあります。ただしコケ植物では体が小さいために、成分分析に必要な膨大《ぼうだい》な量のサンプルを集めることが難しく、効果のあること自体はわかっても、どれくらいの量で効き目が生じるのか、そういった定量的な研究はまだまだ研究の途上です。

一般に植物は動物に食べられないための、いろいろな自己防衛の手法を工夫しています。痛いトゲで身を守るのが最も目立ちますが、そのほかにも食べると苦いタンニンや有毒な成分を体内で合成して葉などに貯めておき、食べると下痢や消化不良といったひどい結果を招きますよと、食害する動物に学習させることも重要な工夫の一つです。こういった物質は、体の中で不要になった代謝物を再利用してつくり出されています。もちろんコケ植物でも先ほどの抗微生物物質のほかに、いろいろな防御物質がつくられています。その中でも匂いと味の元になる物質、そしてコケ植物が人間に及ぼす病原性に注目してコケ植物の工夫を見てゆくことにしましょう。

　庭掃除の際にうっかりドクダミを引き抜いてしまったとき、あるいは久しぶりに松茸《まつたけ》が食卓にのぼったときなど、好悪《こうお》いずれかは別にして、植物には実にさまざまな香りと匂いがあることを実感することができます。またクサギやクロモジは葉を揉《も》んでその匂いを嗅《か》げば二度と名前を忘れないように、植物には独特の香りが備わっているものが少なからずあって、その香りや匂いが植物の名前を覚える際にとてもよい手助けになることもあります。

　残念なことに苔には良い香りがする種類はあまりないようです。ごくわずかな例外は、すばらしい香りを持つナンジャモンジャゴケです。日本では高山帯の限られた場所にだけ見つかる、とても珍しい蘚類で、環境省レッドデータブックで絶滅危惧《きぐ》植物に指定されています。許可を得てこの苔を採集し、しばらく実験室のシャーレの中で栽培していたのですが、あるとき水やりを忘れすっかり乾いてしまったことがありました。急いで蓋《ふた》を開けて水をやろうとしたのですが、そのとき市販薬の龍角散《りゅうかくさん》に似た、なんともさわやかなスーッとする香りを嗅いだのです。文献を調べてみると、乾燥したナンジャモンジャゴケが芳香を持つことは、すでによく知られた事実でした。このようなわずかな例外を除けば、蘚類、苔類いずれにしても良い香りを持つものはほとんどありません。乳鉢《にゅうばち》でコケ植物（特に蘚類）をすりつぶすと、たいていはその青臭い匂いにげんなりします。自然の状態でも、かなり強い匂いを持つものがあります。どこにでも生えていて一番確かめやすいのがジャゴケです（口絵⑫）。これは水辺など湿った場所を好み幅広い葉状体を持つ苔類ですが、葉状体の切れ端を手で揉んでみると、運が悪いとドクダミ臭が、運がいいと松茸の香りがします。私の経験では、水辺のものほどドクダミ臭が強く、逆に乾いた場所に生えるものほど松茸臭がするようです。またどちらかというと珍しい種類ですが、その名もずばりドクダミサイハイゴケという苔類では、もっとずっとドクダミ臭が強く、群落に近づくだけで匂いが漂《ただよ》ってくるほどです。

葉の上に生える特殊な生態を持った苔については第2章の「極寒の極地から熱帯雨林まで」でも触れましたが、クサリゴケ科のカビゴケもコケ植物の中ではかなり目立つ匂いを持った苔類でしょう。カビゴケの植物体はかなり小さいため、視覚だけで探していてもなかなか見つかりませんが、その強烈な匂いを目印にして見つけ出すことができます。近くまで来れば、たとえ数メートル離れていても、ちょうど春の里山で嗅ぐヒサカキ（ツバキ科の常緑低木）の花の匂いに似た、あるいは都市ガスに混ぜられた香料を思わせるような匂いが漂ってくるのです（カンゾウ臭と感じる人もいるようです）。カビゴケは生きている木の葉の上に着生していますから、その匂いも木の葉のものだと思われがちで、植物に詳しい人でも間違えてしまうことがあります。小さな植物体に比べて意外なほど強い匂いゆえなのでしょう。
そのほかにもフタバネゼニゴケ（教科書に出ているゼニゴケと同じ属の苔類で、葉状体の裏側が紫色をしているので、緑色のゼニゴケから区別できます。口絵⑪）では、かすかではありますが梅ガムの香りがします。残念ながら臭覚には個人差が大きく、同じ匂いを嗅いでも感じ方が異なりますので、ほら梅ガムの香りですよと説明してもわかってもらえないことも少なくないのが残念です。逆に、人によっては水に浮かぶ苔類の代表であるイチョウウキゴケにも独特の匂いを感じるらしいのですが、私にはそれを嗅ぎ分けることができませんでした。文献によれば、アキウロコゴケという苔類の一種はライラックに似た香りがするとのことです。なかなか確認する機会がないのですが、さて自分にはどんな匂いがするのだろうかと楽しみでもあります。

幼児は何でも口に入れて、味でその正体を理解し確認しようとする傾向があります。植物愛好家の中にも似たような行動をとる人たちがいて、植物を見つけては口に入れてその味を試すのです。味をキーワードにして名前を確認しているわけで、「食味鑑別法」とでもいえばよいのでしょうか。この方法はコケ植物にも有効な方法かもしれません。「苔に味なんてあるの？」「苔なんかかじっても大丈夫？」といった疑問や不安を持たれるかもしれませんが、独特の味を持つコケ植物は確かにありますし、毒キノコでさえ少しかじって味を確かめるくらいなら（少なくとも日本にあるキノコでは）中毒することはありませんからまったく大丈夫です。たとえばニスビキカヤゴケは、沢沿いの岩の上などに名前のとおりニス状の光沢を持つ群落をつくって生える苔類ですが、刺身に添えるツマ（ヤナギタデの実生《みしょう》のことです）と同じようにピリッとした辛みを持っています。またオオカサゴケという大型の蘚類では、独特の悪甘《わるあま》い味がするそうです。年輩の方にうかがうと、いまは使用が禁止されているサッカリンと同じ甘みとのこと。この話につられてオオカサゴケを味わってみたことがあります。きっと甘いのだろうと欲張ってたくさんの葉を一度に食べたのですが、口中に広がるその青臭さに悪寒がして、吐き気をもよおすほどの味でした。しばらくは生唾《なまつば》がしきりに湧いてきて、「だまされた！」という悔しい思いも重なってすこぶる気分が悪くなりました。この強烈な味はなんともたとえようがないのですが、強いていうならば、かつて中国雲南《うんなん》省植物調査の際に現地の研究者に無理やり挑戦させられた、ドクダミ根茎の生サラダを一口かじったときの感じに似ています。ともに二度とごめんこうむりたい味ですが、コケ植物を食害する虫が少ないことを身をもって実感することができました。ドクダミも干せば甘みのあるお茶になりますから、オオカサゴケなどの蘚類でも乾燥させれば味が変わるのかもしれません。私はきっと後で聞いた話では、オオカサゴケは生える場所によって味が違うのだそうです。

運が悪く、不味《まず》いのに当たってしまったのでしょう。

味や香りを持つだけでなく、コケ植物には他の植物の成長を阻害する、いわゆるアレロパシー（他感作用）成分をつくるものがあります。蘚類のオオスギゴケやミズゴケ類を使った研究では、マツ属とトウヒ属実生の成長を抑制することが示されています。不思議なことに、カラマツに対してはまったく反対で成長を促進させることがわかっています。これはテルペン類を主要構成要素とする物質が原因だったとのことです。

ときにはコケ植物がアレルギー原因物質をつくり出して深刻な症状をもたらすことさえあります。フランスとカナダの森林作業員の間では、全身の皮膚に起こる原因不明のただれが以前から知られていました。原因解明の依頼を受けた研究者によって、木の幹に着生する苔類シダレヤスデゴケの仲間によってこの症状が引き起こされているらしいことが明らかになりました。さっそく成分分析を専門とする化学者がこの苔に含まれるさまざまな成分を分離し、それぞれについてパッチテストで確認したところ、精油の一種であるセキステルペンラクトンの一種が原因物質であることが判明しました。日本にも同じ種があるのですが（ただし別変種として分類されています）、それほど深刻な被害は報告されていません。産地によって成分が異なることは植物では普通ですから、日本のものは無毒なのかもしれません。

病気としては、ミズゴケが引き起こすスポロトリクム症も注意が必要です。これは腐生性糸状菌スポロトリクス属の一種によって引き起こされる感染症で、通常は皮膚の切り傷などから侵入し、リンパ管を通って全身に広がり、至るところで小結節を形成します。治療をせずに放置すると小結節部が膿傷《のうしょう》や潰瘍《かいよう》になるというもので、園芸家、庭師、木材労働者が一番被害に遭《あ》いやすいとのことです。ミズゴケを素手で触ることが多い人は作業後に手を洗うなど、十分気をつける必要があります。

大気汚染の指標

着生植物は成長に必要となる水と栄養分のほとんどすべてを雨に頼っているため、地上に生息するものよりもいっそう大気汚染の影響を強く受けます。とりわけコケ植物の場合には、根がないために水や栄養分を直接体表面全体から吸収しなければなりませんし、その葉はほとんどの場合一細胞層で直接外気にさらされていますので、その影響が顕著です。このような理由からコケ植物は都市化の影響に対して敏感に反応するものと考えられ、一時は着生のコケ植物を生物指標として大気の清浄度を測定する手法がもてはやされたこともありました。しかしながら、植物体が小さく成長が遅いことから影響を評価しにくい、などの問題点があるようです。生きているのか死んでいるのかさえ判別しにくいこともまた、指標植物として使いにくい点です。環境変化に対して素早く反応するわけではありませんから、コケ植物を用いて環境の評価をおこなうのであれば、以下に紹介するような、植物相を広範囲にわたって調査するか、あるいは長期的な比較調査をおこなうのに向いているといえます。

長年にわたりコケ植物と大気汚染について調査している森林総合研究所の峠田宏博士の研究によれば、東京都内の樹木着生種のコケ植物がこうむる大気汚染の影響を評価したところ、都内を以下のような段階に区分けでき、それによって都市化の程度を表せると結論しています。

Ⅰ　コケ砂漠
Ⅱ　大気汚染に強いコモチイトゴケのみが稀にみられる
Ⅲ　コモチイトゴケがあり、他数種が稀にみられる
Ⅳ　大気汚染に弱いヒロハツヤゴケを含む都市近郊に生育する種がみられる
Ⅴ　イワイトゴケやカラヤスデゴケなど、郊外に生育する種とともに葉状地衣類（ウメノキゴケなど）がみられる

この判別法によると、いまから三〇年以上前には山手線内側とその東部にはまったく着生コケ植物が見つかりませんでしたので、その地域は当時「コケ砂漠」に相当していたことになります。また峠田博士によれば、ゼニゴケ、ミカヅキゼニゴケ、ヒメジャゴケ（すべて苔

類）の三種を指標とすることによっても、都市化の程度を推し量ることができるそうです。千葉県立中央博物館の中村俊彦博士の研究では、都市化の著しい場所では直立性の小型蘚苔類ばかりがみられ、郊外に向かうにつれて地面などを這《は》う種や葉状苔類が増えてくることがわかっています。

都内の大気汚染の程度は、二酸化硫黄《いおう》を基準にとれば一九六六年（昭和四一年）頃が最もひどいものでした。その後は工場から排出されるガスの規制が進み、現在では当時の六分の一程度にまで改善されています。このことは、都心部の樹木着生のコケ植物相を時間をおいて調査した結果を比較することでも実感することができます。都内で公園や神社仏閣にある樹木の着生コケ植物を調べた調査では、たとえば一九七〇年五月には千代田区の日比谷公園からはまったく見つからなかったのですが、二〇年後の再調査では蘚類のコモチイトゴケやサヤゴケ、苔類のコクサリゴケなど大気汚染に強いと考えられている七種の生育が確認されています。上野公園でも一九七〇年には着生コケ植物はまったく見つからなかったのですが、一九八九年には四種が生育していました。こうした改善の傾向は都内全域に及んでいます。

このようにコケ植物は大気汚染の状況を如実《にょじつ》に反映しているのです。

市街地に隣接する奈良公園で四〇年ほど前におこなわれたコケ植物調査の際には、アセビ樹幹に着生するヒメクサリゴケ属の珍しい苔類が何種類も見つかっていたのですが、現在ではそのほとんどが見当たらなくなってしまったとのことです。樹木自体は以前に比べて衰退しているわけではなく、着生する苔類だけが強い影響を受けていると考えられ、調査をおこなった北川博士の文章を引用すると「深く根を下ろした大型の植物よりも、植物体全体を大気にさらしている、小さなコケの方が大気の環境変化に対して鋭敏であることを明瞭《めいりょう》に示している」のです。しかしながら、このような長期的な調査においても、コケ植物の小ささゆえの難点が存在します。それはコケ植物には微小な種が多いため、熟練した研究者が調査を担当したとしても、存在を見逃してしまいやすいことです。

国内の硫黄酸化物の排出が改善された現在では、より大きな問題は車の排気ガスなどに由来する窒素《ちっそ》酸化物にあります。これも着生植物に悪影響を及ぼします。また国内での排出が改善されたといっても、海を渡って国外からやって来る硫黄酸化物への対処も急務です。硫黄酸化物は水に溶けると強い酸性を示します。その結果生じる酸性雨や酸性霧が各地の森林に深刻な影響を与えています。ヨーロッパ諸国では、国外からやって来る硫黄酸化物が原因の酸性雨は大きな国際問題にもなっています。旧東欧諸国から流れてくる大気汚染物質に由来する強い酸性雨の影響で木が枯れ、広大な森林が消失した例もあります。湖沼に富む北欧では、湖水の酸性化も顕著になっています。この酸性化はアンモニア系の窒素肥料とともに、酸性雨がその原因であると考えられています。湖沼の酸性化が進行すると酸性を好むミズゴケ類が他の植物を押しのけて繁茂するのですが、さらに進むとミズゴケさえも消えてしまい、最後には何も生物が住まない死の湖へと変わってしまうのです。石灰を撒《ま》いて中性化する努力が続けられていますが、なかなか現状を変えるまでには至っていないそうです。もともと酸性土壌《どじょう》である日本でも、同じ事態が起こるのではないでしょうか。人工的な酸性雨にコケ植物をさらしてその影響を調べた研究では、コケ植物のいない工業地帯で採取された酸性の雨水（pH四・二）程度では、大気汚染に弱い種でも生育が阻害されることはなかったそうです。しかしながら、酸性雨や酸性霧で森そのものがなくなってしまうと、そこに棲むあらゆる生物が一緒に消えてしまいます。そうなれば、コケ植物も運命を共にするしかありません。

汚染は大気だけに限りません。工場や家庭からの廃水、あるいは田畑に撒かれた農薬や肥料の河川への流出により、各地の水生植物が大きな影響を受けています。生育場所が限られ逃げ場のない水生コケ植物も、きわめて危うい状況にあるのかもしれません。一九七六年に名古屋大学の高木典夫博士が発表した岐阜県の桂川《かつらがわ》における水生蘚類の調査では、河川の最上流部など汚染がほとんど見られない場所では、オオバチョウチンゴケ、ヤノネゴケ、アオハイゴケ、あるいはフクロハイゴケなど多様な蘚類が繁茂していましたが、中流へと移り変わるに従って減少し、汚染が進んだ下流域ではまったく見当たらなくなりました。おもしろいことに、蘚類ヤナギゴケのように清流には見当たらず、かえって周辺の人家からの汚水などでやや汚染の進んだ場所で大いに繁茂している種もありました。この蘚類は田圃の水路などにもよく群生しているのを見かけます。流水中に生育する高等植物であるカワゴケソウ科の仲間はそのすべてが絶滅を危惧されていますが、有機物が多少とも含まれた水質を好むとと似ていますし、同様にゲンジボタルが清流には棲めないことに通じるところがあります。人間が生活するかぎり周囲に多少の影響を与えずにはいられないのですが、限度をわきまえてさえいれば、なんとか共存できることを示している例だと思います。もちろんコケ植物の中には蘚類のカワゴケやクロカワゴケなどのように、湧き水など低温で栄養分の少ない水の中にしか棲むことのできないものもあります。かつては各地から知られていたのですが、いまは絶滅が危惧される種です。こういった種については生育地を周囲の環境とともに保全し、人間はなるべく離れて暮らしているのがいいのでしょう。

森をはぐくみ水をためる

学生時代以来久しぶりに北八ヶ岳に広がる針葉樹林を歩いてみると、以前と変わりなくイワダレゴケやタチハイゴケがまるで緑の絨毯《じゅうたん》を敷き詰めたように林床を埋め尽くしていました。霧がかかると、よりいっそう深山の雰囲気となります。積み重なる岩や木の根、そこここにある窪地《くぼち》など、地面の高低を忠実になぞるように苔たちが積み重なって生えている様子がとても見事で、うっかり足を踏み入れると靴が埋もれてしまうほど厚く苔が生い茂っているのもとても愉快です。苔の姿を堪能《たんのう》しながら森の中を歩いていると、ところどころ頭上が明るくなっている場所があることに気づきました。大きな木が倒れたために密閉した樹冠《じゅかん》に隙間ができ、林床まで日の光が届くようになったのです。そこには高さの揃った若木がたくさん生えてきています。親木《おやぎ》が倒れることで森の中に隙間ができ、そこに子供が育つ。これは倒木更新と呼ばれるものです。なかには倒れた木の幹の上で、苔のマットの中から種子が芽吹いていることもあります。針葉樹の天然林では、倒木が腐り苔が生え、次の世代の若木がそこに育つことがよくあります。倒木更新が実際に起こっていることは、なんとなく一直線上に並んで木が生えていること、そして木の根元に「根上がり」がみられることからも明らかです。「根上がり」とは、針葉樹の根が地上に出ている状態のことです。なぜそうなるかというと、倒木や根株の上で発芽した若木が大きくなるにつれ、倒木や根株が朽ち果て根だけが地上に取り残されたからです。一直線上に並ぶ若木もまた、倒れた木の幹がそこにあったことを雄弁に物語っています。親木でつくられた種子は林床一面に降り注ぐのですが、笹《ささ》が密生していたりすると光が足りず育つことはできません。無事発芽してしばらくは育つことができたとしても、土の中には若木にとっての大敵である菌類が潜《ひそ》んでいて、病気になって死ぬことが少なくないのです。苔が生えていればそのマットが湿り気を保つだけでなく、苔に備わった抗菌作用によって菌類の攻撃から若木を守ることもできます。いってみれば朽ちかけた倒木に発達した苔のマットが、育苗係《いくびょうがかり》の役目を果たしているわけなのです。

森に降り注いだ雨は、植物を潤《うるお》したのち、地面の中へと染み込んでゆきます。もし林床が苔で覆われておらず土が剝《む》き出しになっていたならば、雨水は土壌を削り取りながら流れ去ってしまうことでしょう。林床に厚く発達した苔の群落は、雨水を保持し土壌の流出を防ぐ役目をも果たしているのです。林床の苔が持つ保水作用は、里山において田圃がダムとして機能しているのと同じなのです。まさに苔は森をはぐくみ水をためる働きをしているわけです。

水と結びつきの深いコケ植物といえば、なんといってもミズゴケがその代表でしょう。ミズゴケ類は分類学上ひじょうに変わった仲間で、ミズゴケ亜綱という高いランクで他の蘚類から区別され、一科二属のみからなります（長いあいだミズゴケ類はミズゴケ属ただ一属だけだったのですが、一九九〇年代に広島大学の山口富美夫博士らによって新しい属がオーストラリアのタスマニアで発見・報告されました）。世界に約二〇〇種が知られていて、南北高緯度地域から熱帯までいろいろな場所でみられます。研究者によって見解が異なりますが、日本国内には少なくとも三五種あることがわかっていて、各地の湿地や湿原にときとして大群落をつ

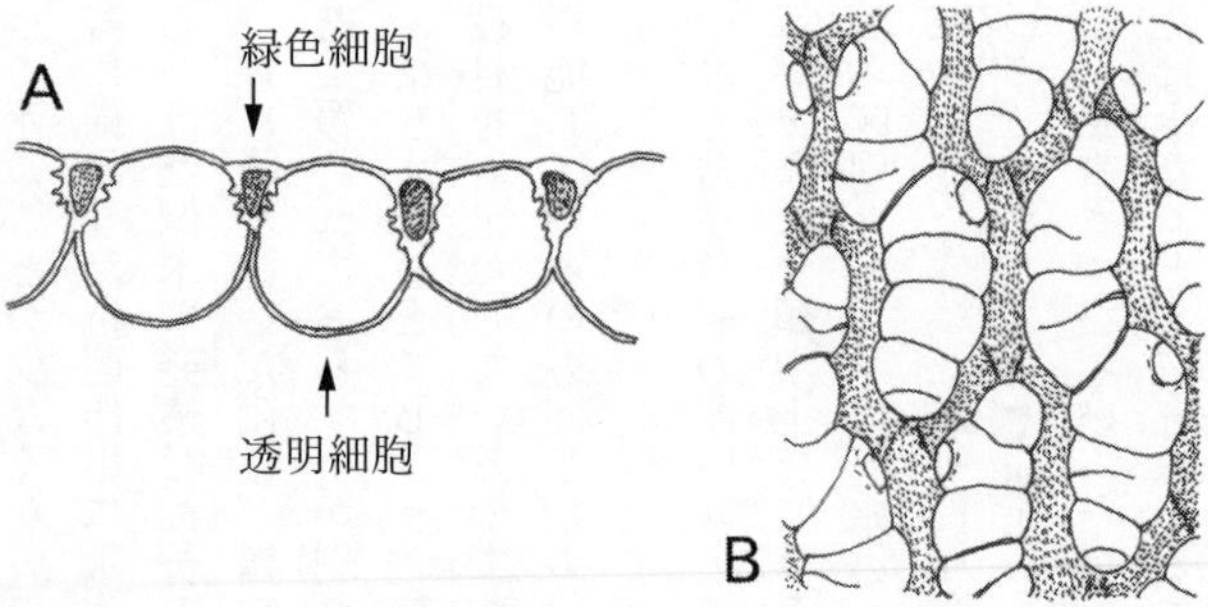

図18　オオミズゴケの葉の解剖図　Aは葉の横断面，Bは枝葉の細胞．小さな緑色細胞が，大きな透明細胞に挟み込まれている

くることがあります。日本にいるとなかなか実感できないのですが、地球全体の陸地面積の少なくとも一%がミズゴケ湿原で占められているといいますから、ミズゴケはコケ植物の中で最も繁茂している仲間なのです。しかも、ミズゴケ類は湿原の主要な構成要素であるだけでなく、ミズゴケこそが湿原環境そのものをつくりあげている立役者なのです。大規模な環境を創生し多数の生物へ生育場所を提供するというのは、他のコケ植物にはまったく考えられないことで、これだけでもかなり変わった存在だといえるでしょう。

ミズゴケ類のほぼすべての種類は、湿地や湿原など潤沢に水が供給される場所をその生育場所としています。ミズゴケ類の茎は細長く、四、五本の枝が束になって一ヵ所から出ており、枝と茎には鱗片《りんぺん》状の葉がたくさんついています。特に変わっているのは、体を構成する細胞に二種類あって、葉緑体を含む小さな緑色細胞と中身のない空っぽの大きな透明細胞があることです（図18）。からっぽの透明細胞には大量の水を貯め込むことができます。そしてこの透明細胞の働きこそが保水性の秘密であり、ミズゴケをミズゴケたらしめている理由なのです。園芸店で購入した乾燥ミズゴケを十分に水に戻した後、手にとってぐっと握りしめてみるとミズゴケの吸水力を実感することができます。

ミズゴケは、人の生活に強く結びついているという点でも他の苔とは一線を画しています。なによりも、おいしく食べることのできる唯一の苔なのです。私の知人の一人から聞いた話では、新鮮なミズゴケを採取してよく洗い、天ぷらにして食べたところ、ふわふわした食感でとてもおいしかったそうです（なぜよく洗った方がよいのかは、第2章の「苔を住処とする生き物たち」を参照してください）。よく行く山小屋の主人にミズゴケ天ぷらのレシピを教えたところ、いまではそこの名物になっているそうです。これは偶然知り合ったテレビ番組制作会社のスタッフから聞いたことなのですが、アイスランドで取材した際、乾燥させてよく揉み砕いたミズゴケをパンケーキ材料の増量剤として小麦粉に混ぜて使っているのを目撃したそうです。もっとも、文献に当たってみると増量剤としての利用はミズゴケに限ったことではなくて、エイランタイやハナゴケ類といった地衣類を利用することも多いようです。これらはいわゆるトナカイゴケやその仲間ですが、人間の食料にもなるわけです。

ミズゴケの細胞壁はそもそも分解されにくい性質を持っていますが、それに加えてミズゴケ湿原の強い酸性が原因となって、ミズゴケは死んでも腐ることなく蓄積されてゆき、気温の低い地域ではやがて泥炭《でいたん》（ピート）を形成します。泥炭とは石炭になる手前の、まだ植物の形がわかる程度にしか炭化の進んでいない状態のものをさします。ウィスキーが好きな方は、香りをつけるために使われるピートとしてご存じかもしれません（残念ながらスコッチウィスキー製造過程で使われるピートは、ツツジ科などの低木からなるヒースを主体としてそこに強い海風で運ばれてきた海藻《かいそう》が混ざったもので、ミズゴケは関係ありません）。泥炭にはミズゴケ類がおもな構成要素のものばかりでなく、高等植物のスゲ属やヒースが主体のものなどもあります。しかしミズゴケのことを英語で peat moss というほど、泥炭とミズゴケは強く結びついています。泥炭が広く分布しているのはおもに北半球で、アメリカ合衆国北部、カナダ、ロシア、スカンディナヴィア諸国、イギリス、アイルランドなどに広大な泥炭地が知られています。日本ではサロベツ原野や釧路《くしろ》湿原などに泥炭地が広がり、尾瀬ヶ原などの湿原にも小規模な泥炭地を見ることができます。アイルランドでは「泥炭地ツアー（bog tour）」といって、泥炭運搬の軌道を走る小型の鉄道に乗って、実際の採掘現場を訪ねることもできるそうです。切り出された泥炭は乾燥させて利用されます。アイルランドやスウェーデンでは発電用の燃料として大いに用いられ、それにともなって昔は人力で掘っていたものがいまでは機械化され、まるで映画で見る小麦の収穫のように、大型特殊車両を使って大規模採掘がおこなわれています。泥炭は保水性と保肥性に優れていますので、園芸分野などで土壌の改良材としても広く利用されています。二〇〇二年には日本の自動車メーカーが中国四川《しせん》省の泥炭資源に注目して、屋上緑化の際に用いる土壌改良材として商品化に乗り出しています。

泥炭の中に閉じ込められている炭素量と毎年ミズゴケが光合成によって固定する炭素量を合計すると、熱帯降雨林の二〜三倍にあたる六〇〇ギガトン（一ギガトンは一トンの一〇億倍）と推定されています。これは大気中に存在する二酸化炭素中の炭素量とほぼ同じ数値です。さらに重要なのは、泥炭中の炭素は地下に埋蔵され、再び大気中に放出されないことです。二酸化炭素増加による地球温暖化を抑制するうえで、泥炭地やミズゴケ湿原の果たす役割はひじょうに大きいのです。しかし、資源としての泥炭利用が進むと、せっかく閉じ込められていた二酸化炭素が大気中に還元され温暖化がいちだんと進行することになります。それどころか、温暖化が進行することでミズゴケ湿原が草原へと急速に移り変わってしまうことさえ懸念されます。さらに、高緯度地方に広がる永久凍土が温暖化によって溶け出すと、その下に閉じ込められていた有機物とメタンガスが一斉に放出されることになります。アイルランドやスウェーデンでの泥炭による火力発電も、大気中に放出される二酸化炭素削減への取り組みの一環として徐々に削減されつつあります。アイルランドでは、一九九〇年には石油に換算して一四一万トンあった泥炭生産量が、二〇〇〇年には八〇万トンに減っており、二〇一〇年には五四万トンへとさらに削減される予定です。節度ある利用にとどめることが、ミズゴケ湿原そのものだけでなく良好な地球環境を後世へと伝えてゆくためにも、なにより大切なことだと思います。

熱帯魚と暮らす

コケ植物の中には、水の中を生活の場としている種類が数多くあります。なかでも最も水中の生活に適応しているものは、その名もずばりカワゴケ科の仲間です。カワゴケ科はおもに北半球の高緯度地域の河川に生育する蘚類で、日本にはカワゴケとクロカワゴケの二種が知られています。カワゴケの方がクロカワゴケよりも少し低い場所に生育しているようです。いずれも、湧き水や清流といった冷たくて美しい水のある場所だけにしか棲むことができません。田圃の用水路などで水の中に漂い生きている苔もありますが、それはカワゴケではなくヤナギゴケ科のヤナギゴケという、もう少し水温の高いところでも生きてゆける種類です。日本ではカワゴケの仲間はひじょうに珍しいもので、なかなか出会うことはありません。なぜ冷たい水にしか棲むことができないかというと、それは水温が高くなると水の中に溶け込んでいる二酸化炭素の量が少なくなり、光合成に支障を来《きた》すからだと考えられています。もっとも、カワゴケ科以外では、たとえばインドネシアやマレーシアといった熱帯でも、山間部を流れる川では数十センチメートルもの長さになって水の中を漂っているコケが生えていますから、他の理由もあるのかもしれません。

　カワゴケの仲間は、しっかりとした茎が長く伸びて疎《まば》らに分枝《ぶんし》し、その基部は水中の石や流木などにしっかり付着しています（図19）。近年の里山地域の開発、あるいは不法投棄などによる水質の汚染は以前よりは事態が改善されつつあるようですが、カワゴケの仲間のように清流にのみ棲むことのできるコケ植物にとって、いまだに危機的状況が続いているようです。事実、カワゴケ科の二種はともにその存続が危機的状態にあり、環境省のレッドデータブックでは絶滅危惧I類に指定されています。

　ロシアの沿海州で植物調査をおこなった友人によると、ある川の河口付近を埋め尽くすように群生するクロカワゴケに出会ったことがあるそうです。日本ではなかなかそんな大規模な群落に出会うことはありませんが、上高地《かみこうち》を流れる梓川《あずさがわ》の支流では、それは見事な群落を見ることができ

図19　クロカワゴケ　強靭な茎をしている

ます。口絵写真（A）のクロカワゴケは、長野県の植物調査のために上高地を訪れた際に見つけたものです。奥穂高《おくほだか》・前穂高岳に囲まれた岳沢からの湧き水が集まって川となり、梓川に注ぎ込んでいますが、白い砂と見事な対照をなして群生するクロカワゴケがそこにはありました。梓川の本流を挟んで反対側を流れる小清水川《こしみずがわ》にも同じようにクロカワゴケが群生しています。季節が限られるようなのですが、上高地の自然保護センターが設置しているライブカメラが映し出すクロカワゴケの様子を、インターネットで見ることができます。たとえはよくありませんが、いろいろな河川で大繁殖している雑草水草のオオカナダモを思わせるほどの規模です。

水と強く結びついた苔として、マリゴケ（鞠苔）も忘れることはできません。マリゴケというのは、鞠のような形に育ったコケ植物の総称で、特定の分類群をさすものではありません。おそらくは藻類のマリモ（毬藻）に倣ってつけられた名前なのでしょう。マリモは鞠の形を保ちながらゆっくりと成長してゆくのですが、一方のマリゴケは鞠になった段階ではもうそれ以上に育つことはありません。実はマリゴケは湖底に生きているコケの茎がちぎれ漂い、そのちぎれた茎がたくさんより集まって波の寄せ返しなどの力で球形になったものなのです。鞠のように丸いものばかりではなく、馬糞型やラグビーボール型などいろいろな形のものがあります。

日本でマリゴケが最も有名なのは、北海道の屈斜路《くっしゃろ》湖と福島県猪《い》苗代《なわしろ》湖です。屈斜路湖のマリゴケをつくっているのはウカミカマゴケという蘚類です（図20）。マリゴケの色はなぜか褐色です。猪苗代湖のものはヒロハススキゴケというこれも蘚類からできています。この苔は別名ミズスギゴケ、「水の中の杉苔」という名前で呼ばれています。遠浅の岸辺の水底の一面に生えているそうです。猪苗代湖のマリゴケ産地は天然記念物に指定されています。風が強く吹くときには岸に打ち上げられるマリゴケですが、毎年必ずみられるということはなく、一時はあまりに減少したため、すでに絶滅したとも考えられていました。マリゴケの材料となる湖底のミズスギゴケの生育状況しだいのようです。

図20　北海道屈斜路湖岸に打ち上げられた，ウカミカマゴケでできたマリゴケ
伊沢正名氏撮影

都会に住む人に身近な水生の苔といえば、水槽のなかで飼われている水草としてのものかもしれません。インターネットで検索してみると、たくさんの人が水槽で水草を育てている様子を知ることができますし、水草の解説書やカタログもたくさん出版されています。いくつもの種類の水草を水槽に美しく植え込んだものをアクアリウムといいます。少しばかりの陸地をつくって趣《おもむき》を変えたものはテラリウムです。いずれも熱帯魚を一緒に飼うことはありますが、あくまで水草が主役という点が熱帯魚水槽とは違います。アクアリウムに使う水草は専門店で購入するのですが、その販売カタログを見ると何種類かの苔も売られているのがわかります。それだけでなく普通は陸地に生えている苔でも、無理やり水に沈めてやれば、たいていは生きてゆくことができます。こんなところにもコケ植物と水との深い関係や、藻類的な原始性が発揮されているのでしょう。

水草としての苔の中で、一番有名であり、また高価なのはリシアでしょう。リシアは苔類の仲間ウキゴケ属の一種で、属の学名である *Riccia* を英語風に読んだものです。和名はウキゴケあるいはカズノゴケといいます。アクアリウムに使う場合、石を敷き詰めた水槽の底にリシアを一面に育てるのが一般的なようで、ちょうど西洋式庭園における芝生の役割をしています。市販のボンベを使って二酸化炭素を水槽内の水に加えてやると、活発に光合成をおこない、たくさんの小さくて丸い酸素の泡が植物体に付着します。この泡が光を受けてきらきらと輝く様子は、ひじょうに美しいものです。リシアは熱帯魚の産卵にも利用されるとのことで、水槽の中では大活躍です。買うとほんのひとつまみが数百円もするのですが、条件さえ整えばとても増えやすい種類です。湧き水のある場所をよく探すと、運がよければ見つけることができます。琵琶《びわ》湖のほとりのある町では、湧き水から引いている用水路にたくさんのウキゴケが生えており、毎年ほかの水草雑草と一緒に「藻刈《もが》り」といって取り除いていますが、次の年になると再び生えてきています。ただアクアリウムでよくされているような、ウキゴケを芝生風に敷き詰めて使うというやり方は、水面直下に浮遊して生活するウキゴケ本来の姿とは異なりますから、いわば不自然な状態を強要していることになります。アクアリウムを愛好する人の間では、このリシアが突然ポッコリと水面に浮き上がってしまうのをいかにして阻止するかがけっこう重要な課題なのだそうです。

リシア以外でよくアクアリウムで使われる苔としては、ジャワモスとウィローモスがあります。これはリシアと同様に通称名で、ある特定の種類を指すものではないようです。ジャワ産と伝えられるものがジャワモス、ヤナギの枝のように細長い植物体をしているからウィローモスということらしいのですが、なぜこのような名前で呼ばれるようになったのか、調べてみてもよくわかりません。このことからも推察できるように、水草の解説書に掲載されている写真と植物の名前は、本によって実に見事に違っています。私がこれまでに購入した経験では、ウィローモスとして売られていたものは前出のヤナギゴケと外来種のミズキャラハゴケ（ともに蘚類）でした。カタログには南米ウィローモスと呼ばれるフクロハイゴケ属らしきものも掲載されていました。文献によるとクロカワゴケをウィローモスと呼ぶこともあるそうです。ジャワモスの実物はまだ見たことがありませんが、あるカタログによればベシキュラリア・ドゥビアナ（蘚類）だとあります。もっともらしい学名が掲載されていても、あまり信用できないことには変わりありません。コケ植物でこれほど名前が混乱しているのであれば、カタログに掲載されているシダ植物や顕花《けんか》植物の学名も、あまり当てにならないのかもしれません。混乱しないのだろうかと余計な心配もしてしまいます。

水槽から離れてもう一度自然の中に目を向けてみると、全国にはいろいろな水生蘚苔類が観光の目玉となっている場所があるようです。秋田県由利《ゆり》郡象潟《きさかた》町にある獅子《しし》ヶ鼻《はな》湿原には「鳥海《ちょうかい》マリモ」と呼ばれている、湧水中に発達した水生苔類の見事な群落があり、この苔類が稀少《きしょう》な種であることも相まって、湿原と湧水を含めて国の天然記念物に指定されています。尾瀬ヶ原湿原の主役であるミズゴケ類群落もまた別の良い例でしょう。

もう少し身近な例としては、ため池の水面に浮かぶイチョウウキゴケも、変わった生態を持つ苔類としておもしろい存在です。この苔については、私の勤務する博物館で広くアンケートを配布して兵庫県内での分布を調べる調査をおこなっています。イチョウウキゴケは環境省版レッドデータブックでは絶滅危惧I類に指定されていますが、兵庫県にはため池が多いこともあって、まだまだ元気な姿を見せてくれる場所が多いようです。ただ魚が好んで食べることと水質の変化に敏感なこと、そして冬場には枯れることが多いため、ある年突然に消えてしまうことがよくあります。絶滅危惧植物に指定されてはいますが、人の手で保全するのは難しいもののようです。

洋の東西、苔の利用法

高等植物に比べると確かに劣るのですが、意外に苔はいろいろな用途に利用されています。いくつかのトピックごとに紹介してゆきましょう。

日本では、すでに述べたように正倉院御物《しょうそういんぎょぶつ》の古代裂《こだいぎれ》の詰め物として苔が使われていますから、綿のなかった時代には古くから利用されていたのでしょう。

英国の研究者が古代の苔利用法についてまとめた本の中で、中石器時代（紀元前一万年から紀元前八〇〇〇年まで）の火打ち石の一つに、手で握る部分を蘚類リュウビゴケ（日本にきわめて普通に産するフトリュウビゴケの別変種）で包み込んでいるものが見つかっていることが書かれています。手にかかる力を軽減するクッションの役目を果たしていたのでしょう。また住居跡では蘚類アツブサゴケやコクサゴケを詰めて隙間をふさぐ工夫もみられます。青銅器時代（紀元前三〇〇〇年から紀元前七〇〇〇年まで）になると、たくさんの武器や道具が苔で丁寧に包み込まれた状態で発掘されるそうです。それ以外にも、木の板でつくられた船では、板をつなぎ合わせる際に蘚類ウマスギゴケでつくった縄が用いられていた例もあります。船の水漏《みずも》れを防ぐために苔を詰め物として用いた例は至るところで発見されていて、一六世紀になってからでもカラベル（caravel）という小型軽快帆船の水漏れ防止用の詰め物材料として盛んに利用され、ベルギーからオランダへと輸入された記録が残されています。北欧に住む人々の間では水生蘚類のクロカワゴケに火を防ぐ力があると信じられていた時代があり、木造の家の隙間の詰め物として、あるいは煙突の内部に塗り込めて使われていました。

人間はありとあらゆる植物を食料として開拓・利用してきました。それは穀物の収穫量が安定しなかった時代では、生きてゆくために絶対必要だった知恵です。地衣類、菌類、藻類は、いまでも食料として、あるいは嗜好品《しこうひん》として利用されています。ところが不思議なことに、人間が苔を食べることはまったくといってよいほどありませんでした。主食はもちろんのこと、副食や嗜好品としてさえ見向きもされなかったのです。それはなぜかといえば、本章の「味と匂いの不思議な成分」でも述べたように、おそらく苔がきわめて不味い味がするからでしょう。試しにひとかけらでも食べてみればその不味さを実感することができます。

それだけでなく、苔には摂食防御物質と呼ばれる、動物による食害を防ぐために植物がみずからつくり出す物質も含まれていることがわかっています。たとえば苔類ミズゼニゴケモドキにはセキステルペン類であるピンギュイソンが、苔類ハネゴケ属にはプラギオチリンAが含まれていて、害虫の代表であるハスモンヨトウ（蛾の仲間の害虫）に効果があることがわかっています。またゼニゴケから分離された物質には、魚の食欲を減退させる効果があるとのことです。苔の標本があまり食害されることがないのは、もしかするとこういった物質の働きなのかもしれません。

しかし、苔はほかの植物と比べても遜色《そんしょく》のない栄養があるようです。北米のコケ植物一三種でそのカロリーを調べた研究によれば、蘚類ススキゴケの三四七カロリーから同じく蘚類のコバノエゾシノブゴケの四三〇五カロリーまで、一三種の平均では四〇〇二カロリーにもなることがわかりました。また、日本産蘚類六種を一五ヶ月間陰干しして、通常の飼料に混ぜて子犬と鶏の雛《ひな》に与え成長量の違いを調べた研究では、蘚類を含んだ飼料を食べたグループの方が通常の飼料だけで育てた対照群よりも成長量が大きかったことが報告されています。これは蘚類にはビタミンB_{12}が豊富に含まれている結果だと解釈されています。

ヨーロッパではスギゴケ類の蒴帽《さくぼう》が毛生え薬として用いられたことがコケ植物の教科書には書かれていますが、これはスギゴケ類の蒴帽にはたくさんの毛が生えていることから人間の頭髪をイメージした一種の迷信のようなものです。しかし本当に効果が確かめられている薬用の苔もあります。

日本の漢方医学では苔は利用されませんが、漢方の祖ともいうべき中薬《ちゅうやく》（自然界から得た薬を用いる中国医学）にはけっこうその例が知られています。苔で利用されるのはおもに蘚類のようです。「味と匂いの不思議な成分」の節で触れたように、いろいろおもしろい成分が見つかっているのは苔類の方ですから、中薬で苔類があまり使われないのは不思議です。

「中国での蘚類の利用」という論文には、オオスギゴケが解熱、利尿剤、オオカサゴケが心臓血管病の薬として利用されていることが紹介されています。また一九八二年に出版された『中国薬用胞子植物』（丁恒山著）には六〇〇種を超える胞子植物（コケ植物だけでなく藻類や菌類、地衣類、シダ類も含む）が掲載されており、そのうちの三七種（蘚類三三種、苔類四種）が薬用コケ植物として挙げられています。これらには外用と内服の両方があって、全般的には解熱、解毒、止血、鎮痛などに効果があるとのことです。

薬用の苔として最も有名なのは、蘚類オオカサゴケです。上記の文献にはオオカサゴケの全草を夏秋に採取して陰干しし、ほかの薬材とともに処方し煎《せん》じて用いると、高血圧や冠心症、あるいは神経衰弱や切り傷などに対して効果があることが記されています。またどこにでもある蘚類ギンゴケでさえ、細かく砕いてガーゼに包んで鼻孔に入れると鼻道炎に効くとされ、さらにその治験結果として四六例中三一例が治癒に至り、その他好転一三例、無効二例という数字が記されています。

苔類からは蘚類以上に薬理作用を持つさまざまな物質が分離されていて、なかには抗腫瘍《こうしゅよう》剤《ざい》としての効果があるものも発見されていますが、残念ながらまだ商品化には至っていないようです。

苔の中でもミズゴケは最も人間に利用されています。体内に自分の重さの数十倍もの大量の水を蓄えることができる力があることと、優れた抗菌性を併せ持つことに注目して、特に医療面で歴史上重要な役割を果たしてきました。フランスでは一八〇〇年代ナポレオンの頃から戦時における脱脂綿の代用品として用いられていましたし、さらに第一次世界大戦でもミズゴケ脱脂綿は広く利用され、当時イギリスでは月産一〇〇万枚にのぼるミズゴケ脱脂綿が生産されていました。コケ植物の学会誌を通じてアメリカ赤十字がミズゴケ採集の協力を研究者に呼びかけた記事も残っています。ドイツでは第二次世界大戦時にも使われたそうです。

ミズゴケは園芸にもよく用いられます。ランの根を巻いたり、鉢植えの土に混ぜて保湿性を高めたりする役割のほかに、ここでも抗菌性によってかびにくい性質が苗木の保護に貢献しているようです。コケ植物の教科書によれば、北欧の国ではこの抗菌性に着目し、新生児用マットの詰め物として、あるいは女性用生理用品の吸収剤としてすでに商品化されているそうです。

苔の利用ではなんといっても苔庭をはずすことはできません。苔庭にある苔はせいぜい十数種程度で、なかでも頻繁に用いられるのはほんの数種に限られ、そのほとんどが地面を覆うためだけに使われています（勝手に生えてくる苔を含めると、種数はずっと多くなります）。しかし苔は日本庭園に独特の色合いと落ち着きを与えるうえでひじょうに大きく貢献しています。

苔庭の常連は蘚類のオオスギゴケ（あるいはウマスギゴケ）とヒノキゴケ、そしてホソバオキナゴケです。個人宅でも造園業者から購入したオオスギゴケを植え込むことが少なくありません。ただ、もともと生えていない場所に無理に移植しても生かし続けるのは難しいようで、数年おきに植え替えなければならなくなることも多く、庭のスギゴケが茶色に枯れたがどうしたらいいだろうという相談がよく博物館にも寄せられます。余談ですが、苔を庭に生やすには、一、二年のあいだは毎日庭に水を撒《ま》き、自然と苔が生えてくるのを待つのが一番いいのです。植えたものは弱いのですが、向こうから自然にやって来たものはけっこう強いものなのです。私が住む新興住宅地は西陽が強く、また土地が痩《や》せてかつ水はけがよすぎるという植物を育てるには最悪の場所なのですが、一年間まめに水やりしたところ、四種の苔が生えてきました。地面がほんのり緑色になってきたら、それは原糸体《げんしたい》が地面に繁殖している証拠ですから、しばらくするとあちらこちらから小さな茎が生じてきます。また関西の低地にある苔庭にはハイゴケが主役となっているところが多いのですが、これも自然に生えてきたのだと思います。

山間部を通る道では、両脇がコンクリートの壁になっているところがけっこうあります。そこがトンネルの出入り口、あるいは湿った切通しになっているとき、蘚類ハマキゴケがびっしりと生えて壁一面が緑色になっていることがあります。壁の上には土壌がありませんからほかには植物が生えることができず、苔だけの純群落になっています。この特徴に着目して、「のり面緑化」に利用しようという試みがあります。林道やダムサイト周辺のコンクリートで固めた斜面は、外観のみっともなさを覆い隠すために、いち早く緑色にする必要があります。草の種子を含んだ緑色の塗料《とりょう》を吹きつけたりするのですが、土壌がなければなかなか定着することができません。苔だと土壌がまったくなくとも定着することができ、いったん苔が定着するとそこに埃《ほこり》などがたまって土壌となり他の植物が進出しやすくなるわけです。

また都心のヒートアイランド現象軽減に向けて、ビルの屋上での緑化が各地で推進されていますが、ここでも苔を利用した取り組みがなされています。用いられているのは蘚類スナゴケが多く、これは直射日光のもとでも旺盛《おうせい》に育つことができる種類なのです。現在では少なくない数の会社がスナゴケを使った緑化システムを販売しているようで、これからのビジネスとして発展性があるように見受けられます。もっとも、そこに使うスナゴケをどこから仕入れてくるかが問題で、畑で栽培していてくれればよいのですが、園芸で使うミズゴケや山苔《やまごけ》（ホソバオキナゴケ）のように、「山取り」であったとしたら保全の観点からは望ましくないことで心配になります。

第4章　苔に親しむ

苔と私たち人間の暮らしの間には、苔庭だけでなくほかの面でも意外に深いつながりがあります。人肉食を取り上げ人間の存在とは何かを問いかけた武田泰淳《たけだたいじゅん》の短篇「ひかりごけ」だけでなく、少なからぬ文学作品が苔を題材として、あるいはテーマの象徴として取り上げています。和名や学名でさえ、人間がこの世界をどのように認識しているかを端的に表しているものなのですから、文化の一種といえましょう。季節の移り変わりのはっきりしている日本では、諸外国と比較してより多くの場面で苔が注目され愛好されてきました。この章では、先人の業績を参考にしながら、文化の中の苔を少しでも紹介できればと思います。

苔と日本人

ふだんの研究材料としての苔とのつきあいを離れて、ただ純粋に苔に想いを馳《は》せるとき、私の心に浮かぶのは、物悲しさの中の静寂です。なるほどと同意してくださる方も少なくないかと思います。私たちが住む日本という国土は、四方を海に囲まれいつも水蒸気に富んだ気候のもとにあります。自然環境の特徴が人々の心のありように影響を与えるのだとしたら、苔に対する共通した感覚も同じようにもたらされたのかもしれません。少しばかり強引なこの仮説にもっともらしさを与えるため、苔という言葉が用いられている慣用句について調べてみました。

『広辞苑（第五版）』には、意外なほど苔という文字を含む言葉が掲載されています。たとえば、「苔枕《こけまくら》」「苔筵《こけむしろ》」「苔の床《とこ》」「苔の褥《しとね》」「苔の戸」「苔の袂《そで》」「苔の衣」「苔の庵《いおり》」などです。これらはすべて、衣や戸などが一面に苔生《む》している様子を想起させることで、人気《ひとけ》のなさや侘《わ》びしさ、あるいは世を捨てた人のありよう、侘び住まいを暗示するものです。西洋のことわざ「転石《てんせき》苔を生ぜず」ではありませんが、人通りの多いにぎやかな場所は、昔から苔とは無縁なものと考えられていたのでしょう。

静寂からさらに一歩進むと死に至ります。「苔の下」という言葉が、苔に深く埋もれていることから転じて、「草場の陰《かげ》」と同様に墓そのものや死んで墓の下に葬られていることの比喩《ひゆ》に使われ、「苔の行方《ゆくえ》」が死んでからのちの行方を意味するのは、自然なことだと思われます。

立ちかへり思ふこそなほかなしけれ名は残るなる苔の行方よ　藤原定家

もろともに苔の下には朽ちずしてうづもれぬ名を見るぞ悲しき　和泉式部

「苔路《こけじ》」や「苔の通い路」は、苔の生えた道のことであり、情景をそのまま描写したものですから、右の言葉とは少し意味合いが異なります。さらに「苔の下水《したみず》」は、苔の生えた岩の下をくぐり流れる水のことで、とりわけ写実的なところが私にはおもしろく感じられます。それとも、そこには何か暗喩が隠されているのでしょうか。

岩間とぢし氷もけさはとけそめて苔のしたみづ道もとむらむ　西行法師

『万葉集』にも苔という言葉を含んだ歌がいくつも掲載されていますが、そのほとんどは

「苔生す」(あるいは「蘿生す」)という表現に限られています。『広辞苑』によると「苔むす」は「苔がはえひろがること。転じて、長い時間が経過すること、あるいは古びること」とあります。ここでは苔そのものではなく、苔が一面に生えるほどに長い時間が経過したことを表現するために、苔がイメージとして使われているわけで、初めに挙げた「苔枕」などの言葉もまさにこの意味で使われています。万葉の時代から今日に至るまで、連綿と同じイメージが苔につきまとっているわけです。

妹が名は千代に流れむ姫島の子松が末《うれ》に蘿むすまでに
奥山の岩に蘿生し恐《かしこ》けど思ふ情《こころ》をいかにかもせむ

さらに時代が下ると、この傾向はずっと顕著になります。『古今和歌集』賀歌の先頭に、

我が君は千世に八千代にさざれ石の巌となりて苔のむすまで　読人しらず

という歌があります。初めの部分が少し違いますが、これが日本の国歌「君が代」の本歌になるわけです。苔＝古びるという固定観念がいつも人々の脳裏から離れないのは、この歌

がもしかすると原因の一つなのかもしれません。

俳句ではどうでしょうか。

歳時記では「苔の花」が夏の季語とされています。苔の花とはつまり胞子体、特にその先端にある蒴《さく》が色づいている様を表しています。あるいは花と見誤って、ゼニゴケ類に特有の傘状に伸びる雄・雌の器官（雄器托《ゆうきたく》と雌器托《しきたく》。図21）のことを意味することもあるようです。

図21　フタバネゼニゴケの雌器托

水打てば沈むが如し苔の花　　高浜虚子
苔の花踏むまじく人恋ひ居たり　　中村汀女

人知れずけなげに咲くのが苔の花です。

我が上にやがて咲くらん苔の花　　小林一茶

「苔の下」とは違い、どことなくなにか清々とした雰囲気がありますが、一茶の句には物思いにふける様子が汲《く》み取れます。

苔の花は、音楽にも取り上げられています。一九六一年（昭和三六年）につくられ広く知られている混声合唱のための組曲「蔵王《ざおう》」（佐藤真作曲、尾崎左永子作詩）の三曲目が「苔の花」と題されています。とても素敵なメロディーとともに、

高原《たかはら》の
木洩日《こもれび》ゆれる岩
はかなく咲ける苔の花

と始まり、

さみしき
夏の山原に
咲きて過ぎゆく苔の花

と結ばれます。ただ、ここでの「苔の花」は点々とあちらこちらに見える苔の小さな群落を意味しているようです。

わびさびといった雰囲気にまつわることばかりでなく、苔はまた水とも深い関係がありま

す。この場合、イメージはずっと具体的になります。ただそれは海や川といった大きなスケールのものではなく、したたり落ちる滴《しずく》、泉、あるいは沢の最源流の細い流れなど、苔本来の大きさに見合う、小規模な、静けさの中の水なのです。貴船《きふね》神社のホームページに水にまつわる二〇首の和歌が紹介されていますが、そのうちの二首に苔が取り上げられているのもおもしろいことです。人の意識の中で、清水《しみず》と苔は深い関係にあるのかもしれません。それは、苔から落ちる一滴の水から川が始まるという表現が多いこととも関係します。アニメ映画『もののけ姫』で描かれた「しし神の森」。屋久島白谷雲水峡《やくしましらたにうんすいきょう》ロケでこの森のイメージがつくり出されたとのことですが、とあるシーンで苔につく水滴がしたたり落ちるさまが描かれているのは、まさしくこの流れを汲んだものでしょう。

やまかげの岩間をつたふ苔水のかすかに我はすみわたるかも　　良　寛

木《こ》の下の苔のみどりも見えぬまで八重ちりしける山桜かな　　大納言師頼《もろより》

苔を見ると静けさや古びたという感覚を抱くのは、勇ましく獣を狩っている狩猟民族には似合わないと思います。なんとなくではありますが、私はそこに農耕民族の感性を感じます。古代中国の文学を探索して苔に関する言い伝えや慣用句を探ってみると、民族性の違いが明らかになっておもしろいことがわかるのかもしれません。たとえば、中国には次のような古《いにしえ》の逸話が伝わっています(南九州大学長谷川二郎博士の紹介文による)。

後漢《ごかん》(二五~二二〇)の時代の名医として名高い華佗《かだ》が、蜂に刺されたところがひどく痛むという女性を診察した。彼は裏庭に生えている苔を取り、患部に貼り付けたところ数日して痛みが引いた。それまで知られていない治療法だったため、不思議に思った彼の弟子が華佗に尋ねたところ、ある日偶然見かけたクモとスズメバチの争いの様子からヒントを得たものだという。巣にかかったスズメバチを捕らえようとしたクモは逆に何度も刺されそのたびに巣から落ちてしまう。巣から落ちた先が苔であったのだが、見ているとたちどころにクモの腫《は》れが引いてゆく。そうやって何度も刺されては苔の上で回復し、ついにはスズメバチを倒すことができた。この経験から苔にはハチの毒を中和する力があるのではないかと思い、それを試してみたのだという。

不思議な話ではありますが、ここで苔は感情の対象としてではなく、あくまで実利的なものとして描かれているのが興味深いところです。苔がシンボルとして文化にどのように反映されてきたのか、国や民族によってそこに違いがあるのかといった事柄については、広島大学名誉教授安藤久次博士が一連の論文を発表されています（「コケのシンボリズムⅠ～Ⅵ」、『日本蘚苔類《せんたいるい》学会会報』）。あまりに内容が豊富ですので、ここでは紹介することができませんが、もし興味のある方は元の論文を一度ご覧になってください。

一足早い新緑

京都に苔庭を見に行きたいのだけれども、いつ頃出かけるのが一番よいでしょうか。博物館にはそんな問い合わせの電話もかかってきます。もちろん大歓迎です。苔は常緑ですからいつでも見頃といえなくもありませんが、私ならば散策には適していない梅雨の盛りをすすめます。苔がその魅力を最大限に発揮するのは、なんといっても雨に濡《ぬ》れ、いきいきとしているときだからです。そぼ降る雨の中で庭先に暗く沈んだ苔色こそ、わびさびを愛《め》でる日本人の感性にとりわけ強く訴えかけるのではないでしょうか。ふだんはたくさんの拝観者がいるところでも、降り続く雨のせいであまり人気《ひとけ》がなく、静かに苔庭を観賞することもできるでしょう。逆に一番望ましくないのは、夏の晴天続きのときです。苔はもともと乾燥しやすい植物ですから（第2章の「枯れても死なない」を参照してください）、しばらく雨が降らないとすぐにからからに乾いてしまいます。ホソバオキナゴケやヒノキゴケはあまり見かけが変わりませんが、オオスギゴケなどは乾くと葉が縮れてしまい、いかにもみすぼらしい姿をさらすことになります。

野山に苔を求めて散策に行くならばどうでしょうか。この場合はもう少し早い頃合いがよいようです。なぜならば苔の新緑は、草木よりも一足早くやって来るからです。

春先まだ草も新しい芽を出しておらず木々の若葉が展開する前の時期、日の光を遮《さえぎ》るものがなく地面には十分に日光が届いています。このときこそが苔たちが活発に光合成をして養分を蓄えているときで、すでに今年の新しい枝も伸ばしています。一番目立つのが、蘚類のコバノチョウチンゴケでしょう。少し深みがかった暗緑色の植物体から、鮮やかな浅緑色の新しい枝がいくつも伸び出しているのがひときわ目を引きます。公園や道端などにもよくある苔ですから、みなさんも一度くらいはそれと気づかずに出会っているはずです。山際の道沿いでは、黄緑色の丸く艶《つや》やかな胞子嚢《のう》をつけているタマゴケがよく目立ちます。コバノチョウチンゴケとタマゴケは、春先に最も目立つ苔の代表といえるでしょう。コケ植物の成長には、はっきりとした周期性があります。多くの種類では、晩秋から春先にかけてが最も活発に伸長がみられる時期です。草木の生い茂る夏のあいだは一休みといった感じになります。

本章の「苔と日本人」でも触れましたが、蘚苔類の胞子体はよく苔の花と呼ばれます。色づいて膨《ふく》らんだ蒴がいかにも小さな花を思い起こさせるからでしょう。実際、ミミカキグサなどの小さな植物がつける可憐《かれん》な花を見ていると、苔の胞子体によく似ているなあと思わせるものがあります。厳密にいえば「苔の花」はもちろん花ではありませんが、それをいうならばコケ植物の「葉」だって本当の葉ではありませんし（配偶体上にできた鱗片《りんぺん》状突起物というのが本当のところです）、胞子嚢のことを蒴（英語ではcapsule）と呼ぶのもおかしな話です。なぜならcapsuleとは蒴果のことですから。これはまだ植物の世代交代がよくわかっておらずコケ植物が胞子で増えることも理解されていなかった時代に、花の咲く植物からの類推でつけられた用語なのです。とはいっても、正確ではありませんが違いをわかったうえで用いるのであれば便利です。だからこそ、「葉」や「蒴」という言葉は、これまでずっと専門家の間でも使われ続けているのです。とすれば苔の胞子体のことを花と呼ぶことにも、その正体さえきちんと認識しているのであれば、あまり目くじらを立てることはないといえるのではないでしょうか。歳時記にも「苔の花」が取り上げられていますが、この場合は何を指すのかがあまりはっきりしていません。緑色の茎や葉以外の部分を漠然と花と呼んでいるようですが、もちろん俳句は自然科学ではありませんから、正確な呼び名は必要ないのでしょう。

話が脱線してしまいました。コケ植物がいつ頃に花（胞子嚢）をつけるのか、そしてどのタイミングで胞子を飛ばし、あるいは新芽がいつ伸び出してどのように成長するのか、こういった繁殖季節に関する事柄は、これまでごく限られた種について調べられているだけです。

おそらく、コケ植物は農業や園芸の観点から見て利用価値が小さかったからなのでしょう（ほんのちょっとしたことでも、ちゃんと調べようと思うと、ものすごく時間と手間がかかるのです）。それでもいくつか研究例があり、その中にはおもしろい現象が報告されています。まず、いつ胞子がつくられるのかについて、蘚類ホウオウゴケ属で調べられた例を見てみましょう。

ホウオウゴケ属は日本に四二種、世界では約九〇〇種もある、蘚類の中では一、二を争うとても大きな属です。服部《はっとり》植物研究所の岩月善之助博士は、日本産の種類についてその減数分裂の時期（高等植物では花の時期にあたります）を調べ上げました（減数分裂というのは、染色体を二組持つ胞子体を構成する細胞が、一組だけ持つ胞子へと染色体数を半減させながら分裂することで、動物や植物など有性生殖する生物は必ずおこないます。詳しくは第1章の「根を持たず胞子で増える」をご覧ください）。すると、秋から冬にかけて減数分裂する群、春から初夏にかけての群、例は少ないのですが、年に二度もおこなう群さえあることがわかりました。花にたとえると、冬咲きと春咲き、そして一年に二度も花を咲かせるものがあるというわけです。二回花を咲かせるのはおもしろい現象です。高等植物のセンボンヤリは、春と秋の二回花をつけ、それぞれが開錠花《かいじょうか》と閉鎖花として繁殖上の異なる役割を担っていますが、ホウオウゴケでも似たようなことをしているのかもしれません。あるいは個体群ごとに減数分裂の時期がずれるように遺伝的な分化が生じているのかもしれません。そのほか、たとえばジングウホウオウゴケのように、奄美《あまみ》大島《おおしま》、宮崎県、静岡県の個体を比べてみると、それぞれが一二月末から一月初旬、五月中旬、六月中旬と、あたかもソメイヨシノの開花前線のごとく、南から北へと減数分裂の時期がずれていることもわかりました。

造卵器と造精器それぞれの発達過程に関しても研究例があって、興味深いのは両者で発育の過程や成熟のタイミングが異なることです。つまり造卵器内の卵は急速に成熟するために、受精が可能となるのはごく短期間に限られるのですが、一方造精器はついている位置によって発生の時期や成熟のスピードが異なり、全体としてはだらだらと長期間にわたって精子が放出され続ける傾向がみられるのです。精子がやって来るのを待っていればよい卵と、卵のところまで偶然を頼りになんとかたどり着かなければならない精子、両者の役割の違いがうまく反映されているものだと感心させられます。

図22　仮軸分枝をして地下を長く伸びるコウヤノマンネングサの茎

最後に、新緑と関わりの深い、新しい茎の伸長について。

コバノチョウチンゴケで触れたように、コケ植物は一般に春先に新しい茎（正確には茎と葉がセットになったシュートです）を伸ばします。急に伸びるわけではなく、実はその前のシーズンの夏頃から準備を始めています。岡山理科大学の西村直樹博士らが調べた蘚類コウヤノマンネングサでその様子を見てみましょう（図22）。この蘚類は苔としてはとても大型で、立ち上がる茎の上部が樹状に枝分かれしており、慣れないうちはシダなどと間違えることもある立派な体をしていますが、おもしろいことに毎年一つ（ときには二つ）の新しい地上茎をつくります。新しい地上茎は地下を這《は》っている匍匐茎《ほふくけい》の先端が急に成長の方向を直角に変えて立ち上がることでつくられます。この匍匐茎は、前年につくられた地上茎の、ちょうど地面の下くらいのところにある芽から伸びてきます。七月終わり頃はまだこの芽は休眠したままなのですが、九月中旬には匍匐茎がすでに長く伸びています。一〇月下旬には先端が地面と直角の方向に向きを変えます。この段階では立ち上がり始めた直立茎はまだ一本の軸でしかなく、この状態のまま春頃まではじっとしています。落ち葉のたまった林床《りんしょう》では、地上にはまだ顔を出さずにその下に隠れていることになります。そして春になると一気に伸び始め、六月の初め頃には上方への成長は止まり、七月頃までにはたくさんの枝をいっぱいに展開させた新しい地上茎となるのです。このときにはすでに来年の地上茎となる芽が、やはり茎の基部のところにできあがっています。

コウヤノマンネングサは一見すると不思議な成長の仕方ですが、茎の途中にできた芽が伸びて新しい茎をつくりますから、高等植物にもよくみられる「仮軸分枝《かじくぶんし》」という様式であることがわかります（毎年同じ茎の先端が伸びてゆくタイプは単軸分枝といいます）。またこうやってつくられた地上茎は、少なくとも三年程度は緑色を保って光合成をおこないますし、またそれ以降も数年は枯れた姿となって残ります。そのため、丁寧に地下部をたどりながら掘り取ってやると、毎年つくられた地上茎がいくつもつながった立派な標本を得ることができます。日本の蘚類の中では、オオカサゴケやフジノマンネングサが同じような成長の仕方をします。

名前にこだわらない

私が勤めている博物館が開催するセミナーには、小学生から高齢者までさまざまな方々が参加されています。私はコケ植物が専門ですので、隠花《いんか》植物（花の咲かない植物のことで、キノコや地衣《ちい》類《るい》、コケ、シダなどのこと）のうち、同僚の専門家がいるシダ類を除いた分類群に関係する講座を担当しています。植物にはまったく素人の方だけではなく、花の咲く植物はすでによく知っているけれども、もっとより広くいろいろな植物を知ろうという意欲的な方が参加される場合も少なくありません。あるとき、まったくの初心者と多少とも知識のある人、両者で植物の名前の尋ね方が違うことに気づきました。詳しい方は自分で特徴を把握しそのうえで名前を尋ねるのですが、初心者の方は、自分が手に取った植物をあまり観察もせず、とりあえず名前はなんですかと尋ねるのです。確かに親しみが湧くことと名前を知ること、この二つが互いに分かちがたいものであることはよくわかります。とはいっても、あまり観察もせずただ名前を教えられただけでは、名前を知ったことで安心してしまい、それだけで満足してしまうのではないかと心配になります。人間の性《さが》として、得体の知れないものには畏《おそ》れをいだき不安におののくのだけれども、とりあえず適当に名前をつけることで相手の正体がわかったつもりになります。正体がわかれば不安な気持ちを払拭《ふっしょく》でき、心の平安をとり戻すことができるということでしょうか（八百万《やおよろず》の神から闇《やみ》に潜《ひそ》む妖怪や精霊、あるいはポルターガイストの類《たぐい》まで、みなことごとく名前がつけられているのも、同じ理由でしょう）。私自身を振り返ってみても心当たりがあるのですが、生き物が相手の場合でも同じことで、名前を知ることでわかったつもりになって安心してしまうのです。逆に詳しい方にとって名前というのは、もちろん親しむための大切な入り口であることに違いはないのですが、それ以上に自分が新たに獲得した知識を整理してまとめる際のしおりの役目を果たしているようなのです。つまり私が言いたいのは、名前を知りたがるよりも、まずじっくりと観察し苔に親しもうということです。いま目の前に生えている苔は、確かにそこに存在しており、人間がいようがいまいがその存在は揺るぎませんが、名前は人間が自分の都合でつけた、いわば符号のようなものです。ということは、苔の名前をやみくもに暗記していても、その名前が指し示す植物を実感としてわかっていないのであれば、親しんだということにはならないのではないでしょうか。たとえば、苔にはヒツジゴケというものがあると教えられ覚えたとしても、「ヒツジゴケって、何ですか？」と聞かれたとき、相手が納得できるようその特徴を教えてあげられないのであれば、その知識はなにほどのものではないのです。

名前に囚《とら》われるとうまくない理由がもう一つあります。特に苔の場合に顕著なのですが、慣れないうちは名前にこだわらないのがよいようなのです。高等植物は古来よりさまざまな人たちによって識別・利用されてきた長い歴史がありますから、由緒ある名前、聞いてなるほどと思わせられる名前がつけられていることが多いのですが、一方の苔はその他の地味な植物と十把《じっぱ》ひとからげに「コケ」と見下されてきた悲しい歴史を反映して、ごく一部の例外を除いて古くからある名前というものがなく、たとえば日本の種類については昭和になってから研究者によって和名がつけられた場合がほとんどです。研究者というのはあまり言葉のセンスが問われることがなく、また苔自体の植物体が小さく肉眼ではその特徴を捉《とら》えにくいことも相まって、近年つけられた和名にはあまり良い出来映えと思えるものが少ないのです。

ヒツジゴケなんて、いったいどこが羊を思わせるんだと、コケ植物を勉強し始めた当初はかなり不満に思ったことが思い出されます。

新種の記載

情報をよりよく整理し、ひいては世界のありようを理解することが、すなわち命名ということになります。和名は日本語ですから覚えやすいという利点がありますが、日本だけで通じる言葉です。ところが日本にある植物が同時に国外にも分布しているのはごく普通ですから、そのようなときに同じものを指し示すための共通の言葉が必要になります。それが学名です。ここでは新種の記載を例に挙げて、学名の持つ意味について考えてみましょう。

自然史博物館や大学など生物の多様性を調べている研究機関では、国内や国外のあらゆる場所で幅広く調査活動をおこない自然史資料を収集しています。集められた資料は、地域の動植物誌の作成や特定の生物群についての分類学的研究などに利用されるのですが、その過程で見つかるのがいわゆる「新種」と呼ばれるものです。新種とは、科学にとってこれまで未知であった分類群（種や属など）のことです。

新種を野外で発見すること自体は、それほど難しくはありません。キノコやごく小さな昆虫の仲間のように、まだあまり研究の進んでいない分野では、野外で一日採集すれば一〇個以上すぐ見つかることもあるそうです。コケ植物の場合でも、国や地域を選べば新種を見つけだすのはそれほど難しくはありません。科学的に意義があり、かつたいへんな手間がかかるのは、新種を見つけることではなく、自分の採ったものがまさしくこれまで誰も報告したことのない、新しい種であることを確認することにあるのです。コケ植物に限ってもこれまでに一万数千種があることがわかっていますが、すでに異名（同じ種に二つ以上の学名がつけられた場合、一つだけが有効名として生き残り、あとは異名とされます。文献や標本の交換が難しかった昔にはよくあることでした）に落とされたものを含めれば、すでに報告されたものはゆうに一〇万を下らないでしょう。数字に隔《へだ》たりがある理由は、一度は新種として報告されたけれども、のちに詳しく調べたらすでに報告されていたものと同一であることがわかった、という場合が少なくないからです。慎重に作業をしても、間違いはつきものです。たくさんの前例に当たって、本当に「新しい」ことを実証するのですから、とても手間がかかるのです。

だからというわけではないでしょうが、新種を学会に報告する人には、自分で名前（学名や和名）をつけられるという特典があります。学名のつけ方には「国際植物命名規約」という厳格な定めがあります。この規約には必ず従わなければなりません。仮にこの規則に従わずに命名したとしたら無効とされ、誰も認めてくれませんから、科学的には無価値ということになります。和名にはこのような厳格な規則はなく、好き勝手につけてもかまいません。そうはいっても、すでにある和名を無視したり、あるいはあんまり変な名前をつけたりすると黙殺され誰も従ってくれない、というのはどの世界でも同じです。

新種と考える植物を発見した場合、形態的特徴の記載や既知種との比較などについて詳しく検討した結果をまとめ、研究論文を作成します。この論文を学会誌などの学術雑誌に投稿するのですが、投稿すればそれで終わりではなく、編集委員会による審査を受けます。たとえばコケ植物の論文の場合であれば、同じくコケ植物が専門の複数の研究者によってその論文の妥当性が検討されるわけです。審査を受けたのち必要ならば修正をおこなわなければなりませんし、求められる水準に達していない場合には掲載拒否の判定をもらうことにもなります。このような関門を無事くぐり抜けて論文が受理されると、論文が雑誌に掲載されます。自分だけが勝手に新種だと思い込むだけではだめだということがおわかりいただけるかと思います。

この論文が掲載されている雑誌が印刷・配布された時点をもって、新種が正式に発表されたことになります。けっこう面倒な手続きが必要なのです。また、発表されたからといって、すぐみんなが認めてくれるというものでもありません。ここが分類学という学問のちょっと複雑なところなのですが、雑多で混沌《こんとん》とした世界の中からある特定のものを新種として認識することは、言葉を換えれば「自分は世界をどう認識するか」ということでもあります。認識ですから、人によって意見が異なることが少なからず生じます。ある人が新種と認めても、他の人は認めない、こういった事例はそれほど稀《まれ》ではありません。それは検討の仕方が甘かったのかもしれませんし、あるいはすでに発表されている文献を見落としていたのかもしれません。また生物の常として、変異という問題があります。Aという種とBという種を識別するのに有効だと考えた形質が、もしかすると生育環境の違いが原因で、一緒に植えたら同じ形になってしまうという可能性もあります。たとえば、同じ種が日陰と日向《ひなた》とに生えた場合、形が変わってしまうのはごく普通にあることです。また一般に生物は広い分布域を持っていますから、分布域の北の端と南の端の個体とでは、その場所の気温や湿度、日照時間、あるいは生えている土壌《どじょう》の性質など重要な生態的要因において条件がまったく異なるために、植物体の大きさや葉の形、あるいは毛深さなどが影響を受け、見かけがずいぶんと異なることがあります。また、たとえばキク科のアザミ属やイラクサ科のヤブマオ属のように、いままさに進化の真っ最中の仲間では、近縁な種どうしをはっきりしたわかりやすい形質で識別するのがとても困難な場合があります。コケ植物の場合に最も問題となるのは、体のつくりが簡単なので注目するべき形の違いを探し出しにくいということでしょう。それを克服して種を判別するためのさまざまな手法が開発されていますが、それについては、この本の範囲を超えますので詳しくは触れないことにします。

新種なんてもう現代ではほとんど見つかることはないでしょうね、と質問されることがしばしばあります。しかし、これはまったくの誤解です。いま現在わかっている生物の種類は、およそ一二〇万種といわれています。一方まだ未知のものを含めると、この地球上には三〇〇万種から一〇〇〇万種もの生物がいるのではないかと推定されています。そのほとんどが昆虫や線虫《せんちゅう》、あるいはキノコを含む菌類など、著《いちじる》しく体が小さかったり採集が困難であったりするものです。植物はみずから動き回らないので見つけだしやすく、すでに九〇％以上が判明していると見なされています。しかし、昆虫やキノコよりもずっと研究の進んでいることの植物でさえ、毎年四〇〇〇種から五〇〇〇種以上の新種が報告されているのですから驚きです。このようにまだ膨大《ぼうだい》に残されている未知の種をどのように見つけだし、どうやって能率的に記載してゆくのかが、生物多様性を解明するうえでの大きな課題となっています。一人の人間が一年間に記載できる新種の数は、どんなにがんばっても数十が限度です。分野によっては専門家が日本に（あるいは世界に）一人しかいないこと、ときには一人もいないことさえあるのです。このような状況では、いつまで経っても新種の記載が終わりません。分類学は種のありようを研究する学問ですから、新種の記載という一種の戸籍調べが研究の終着点ではなく、そこからこそが本当の研究のスタートなのです。しかし、記載に手間どる現在の状況では、いつまで経っても肝心なことが始められないことになります。

問題はほかにもあります。これまで分類学という学問は大学が中心となって支えてきました。ところが最近では、分類学のような基礎的な分野の研究予算や人員が大幅に削られ、大学での活動が難しくなりつつあります。この状況は日本に限ったことではなく、アジアの他の国々や欧米でも同じと聞いています。必要性が高まっているのに、それに応えられないのがいまの現実です。解決の方法はあるのでしょうか。一つのやり方は、すでに多くの自然史資料と研究スタッフを抱えている博物館を有効に活用することです。博物館研究員による研究を活性化するだけでなく、将来を担《にな》う人材の育成についても博物館の果たす役割がひじょうに重要になってきていると思います。基礎的な研究をおこないその成果を広く公開し、さらに将来を担う人材を育成する。こういった活動を積極的におこなうことも、これからの博物館が果たすべき大切な使命だと思います。

野外観察に出かけよう

苔には野外観察に適さない時期というものがありません。いつでも、思い立ったときに出かけることができます。花があまりない冬のあいだ、気軽に苔観察に出かけてみましょう。ここでは、必要な道具や注意すべきことなど、野外観察のコツといったようなものを伝授いたしましょう。

まず服装ですが、高等植物の場合と一番異なるのは座り込んで観察することが多い点ですから、特にズボンは汚れてもよいものが必要です。また長い距離を歩くことはまずありません。ゆっくり観察しているとせいぜい一時間に五〇〇メートルほどしか進めません。水際の苔を見ることが多いのでしたら、長靴をはくのがおすすめですが、木に登ったり、道沿いの崖《がけ》を這い上がったりもしますので、私はいつも運動靴をはいて出かけています。登山靴は不要です。コケ研究者の先輩の中には、地下足袋《じかたび》を愛用している人もいます。

持ち物として、どうしてもはずせないのがルーペです。倍率は最低でも六倍、できれば一〇倍、理想は一四倍以上のものを用意します。ひもをつけて首からぶらさげておけば、うっかりなくすことも避けられます。木の幹や岩の上にしっかりと固着した苔を採るためには、ナイフもあれば便利です。指でむしり取ると、すぐに指先がぼろぼろになってしまいます。カッターナイフは危ないので使わない方がよいでしょう。日本には昔から「肥後守《ひごのかみ》」という折り畳み式の便利なナイフがありますので、それを持ってゆけば十分です。これにもひもをつけておきます。ルーペやナイフはつい置き忘れることが多く、いったん忘れてしまうと後で取りに戻っても見つけることは容易ではありません。私は老眼が進んできたために、近くに目の焦点を合わせることが難しくなってきました。木の幹に生える苔を観察する場合、どうしても目を近づけることになりますから、余計に見づらくなります。そのような場合は、天眼鏡《てんがんきょう》を使うと便利です。見え方にこだわらないのであれば、近所のいわゆる百円ショップなどで買うこともできますが、できれば二〇〇〇円ほど出して両方の目で見られるものを持っていると目が疲れません。

標本を採るならば、それを入れる紙袋が必要です。ダイレクトメールの封筒をためて使ってもよいですし、文房具店で売っている薄い茶封筒を使ってもよいでしょう。要は「一つの袋に一種の苔」を鉄則にすることです。植物をとって紙袋に入れたならば、すぐにマジックインキかボールペン、あるいは鉛筆など水で容易ににじむことのない筆記具で、生えていた場所の特徴を書き込みます。植物の入った紙袋がたまったときにまとめて入れる布袋もあると便利です。紙袋ではなく週刊誌を一冊持ってゆき、採るたびに一頁ずつちぎって包む込むのも手です。私の先生はそうやっておられました。がばっと多めに採ったときなど、かえってこの方が具合がいいようです。

生きたまま持ち帰りたいときは、紙袋に入れてもよいのですが、せっかくの形が崩れたりしますので、台所用ビニール袋を持ってゆくとよいでしょう。苔を入れた後、息を吹き込んでから口をしばってやればよいのです。チャック付きのビニール小袋を使う人もいますが、値段が高いだけでなく開け閉めが面倒なので、私は使っていません。

カメラで生態写真を撮るのも楽しいものです。最近はデジタルカメラが普及しましたので、よりいっそう便利になりました。苔は小さい種類が多いですから、どうしても接写することになります。接写性能がよいものを選ぶのが肝心です。普通のフィルム一眼レフカメラであれば、五〇ミリマクロレンズをつけておけば十分でしょう。苔の生えている場所は森の中など光が少ない場所が多いですから手ぶれを起こしやすくなります。ストロボを使うと、どうしても写りが平板になって美しさが減じてしまいますので、良い写真を撮るつもりならば、三脚は必需品です。苔の写真の撮り方については、写真家の方が書かれた手引書を巻末の「おもな参考文献」で紹介していますのでそれを参考にしてください。

観察のテクニック

苔を見るにはどういった場所に出かければよいか、始めたばかりの頃一番悩むところでしょう。どうしても、家の周りの公園などから始めてしまうことが多いと思います。しかしそういった場所には大型で目に止まりやすく、そして初心者にも名前が調べやすい種類はあまり生えていないもので、逆に小さくて同定のきわめて難しいものが多いのです（慣れてしまえば、人家の近くに生える苔というのは種類が限られていますから、ぱっと見ただけで名前がわかるようになるのですが）。初心者にはとっつきにくいもので、専門家でも調べるのがとても面倒なものが少なくありません。このような場所から観察を始めるとすぐに嫌になってしまうことでしょう。ですから、最初はちょっと足を伸ばして山沿いの谷から観察を始めるのがよいでしょう。一番のおすすめは、お寺か神社の境内《けいだい》に行くことです。平地、あるいは木の少ない、いかにも乾いた場所ではなく、小川が流れているような、特に山際にある寺や神社が苔の観察には好適です。

なにも苦労して深い山に分け入る必要はありません。日帰りの気楽なハイキングで行ける場所でも、美しい苔に出会うことができます。といっても、それは意識して探した場合のこと。ふだん私たちは、花や木、虫などといった、ずっと目に止まりやすいものばかりに注意を向けていますから、足下の小さな植物たちは意外に見過ごしてしまっているものなのです。おもしろいことに、人間の目は、ある一定の範囲にあるものだけに反応するようで、たとえば、花ばかり注意して歩いていると、地上数十センチメートルの高さのところで目の焦点を合わせていますから、地面近くに生えている苔が目に止まらないことになります。地面の高さに意識を集中して見るのが肝心です。もっとも、そんな歩き方をしていると、今度は目の前に咲いているいろいろな季節の花をすっかり見過ごすことになります。苔観察と花の観察を両立させるのはなかなか難しいことです。

林道の斜面や道路のコンクリート防護壁などでは、たくさんの苔が生えているように見えることがありますが、よく見ると同じものが一面に生えているのであり、決して種の多様性は高くありません。道路沿いに延々とこんな場所が続くところは避けるか、あるいは足早に通り過ぎる方が無難です。ただコンクリートではなく岩壁になっていて、沢水で濡れている場合はおもしろい苔がたくさん生えていますので、じっくりと観察してください。

先にも書きましたが、学び始めの段階で特に気をつけるべき大切なことは、名前がわからなくてもそれにこだわらないことです。花の咲く植物に親しんでいる方は往々にして、手に取った苔の正確な名前を知りたがりますが、正確な名前がわからなくともそれで満足するのが苔と長くつきあうコツのように思われます。なぜかというと、苔は小さな植物でありながら似た種類がひじょうにたくさんあり、顕微鏡を使って細かい部分を観察しないと正しい名前が決められないことが多いからです。また顕微鏡で観察して名前を決める際には、大学や博物館でないと手に入れにくい文献を調べたり、あるいは保管されている標本と比較検討したりする必要が出てきます。それは一般には無理なことですから、名前にこだわる必要がないのです。それよりも自分なりにじっくりと観察して特徴をよく把握しておくことが大切で、そうすれば次に出会ったときにも同じものをすぐに見分けることができます。たくさんのものの中から識別できることこそが大切で、名前がわからなければ当面は適当な愛称をつけておけばよいのです。

出かける季節ですが、苔観察にベストシーズンというのはありません。観賞するのであれば、もちろん梅雨の頃が一番よいのですが、そうでなければ季節にこだわる必要はありません。苔の多くは乾いたときに独特の形をするものが多く、反対に濡れるとすぐに水を含んでどれもこれもみな同じように見えてしまいますから、雨の日は避けるのが大切です。もちろん雨が降ると暗くて苔観察などできないのではありますが。冬の時期、花の観察が一段落してちょっと暇《ひま》なときに、苔を狙《ねら》って出かけてみるのもおもしろいと思います。

最後に。初めのうちは小さい苔はなかなか見つけにくいものなのですが、ここぞと思う場所では、地面に転がっているこれは怪しいぞと思える石を取り、目の高さまで持ち上げ、向こうを透かすように表面を見つめると、数ミリメートルくらいの小さな苔を見つけることができます。これも苔観察特有のテクニックの一つなのです。みなさんも自分なりのやり方をぜひ探し出してください。そうすることで、専門家でさえ見逃している未知の種類を見つけだすことができるかもしれません。

苔を退治する

庭の嫌われ者といえば「ゼニゴケ」。悪名高いこと、この上なしです。この「ゼニゴケ」と呼ばれているもの、かなりの確率で本当のゼニゴケではないでしょう。特に西日本では、ゼニゴケというのはどちらかというとあまり見かけない苔だからです。それと入れ替わるかのように、ジャゴケやジンガサゴケ、フタバネゼニゴケ、とりわけ最近ではミカヅキゼニゴケといった葉状苔類が増えています。それはともかく、庭に侵入してきた「ゼニゴケ」を丁寧に手で取り除いてやっても、厄介なことに無性芽をつけるものが多く、こぼれ落ちた無性芽が地面の中に潜んでいてしばらくするとまた生えてくるという、イタチごっこになってしまいがちです。このしつこさゆえに嫌われるのでしょう（私にはそこがかわいいとも思えるのですが）。

ゼニゴケの仲間に限らず、コケの退治方法としていろいろな手法が開発されています。一番ポピュラーなのが刷毛《はけ》で食酢《しょくず》を塗る方法です。効果を示すのは酢の中に含まれている酢酸《さくさん》という成分です。なかなか効果がある方法なのですが、塗った個体は死んでもそのあとにまた生えてくるようです。また酸っぱい匂いが立ちこめるのも難点で、世の中には酢の匂いが嫌いな人が案外多く、あまり使いたくないという人もいることでしょう。大きな園芸店などでは「コケレス」という粉末の商品が売られています。水に溶かして使うのですが、この有効成分もたぶん酢酸と思われます。新聞記事（二〇〇二年一一月一六日付『朝日新聞』夕刊）によると、銀閣寺ではゼニゴケ類の退治に塩化カルシウムの水溶液を塗布《とふ》しているとのことです。以前は酢を塗っていたのですが、来観者に酸っぱい匂いが不評だったことからほかの薬品をいろいろと試しているうちにこの薬剤を使ったところ、たいへん良い効果を得たとのことです。濃度の調整が難しいようですが、残留効果もあるとのことです。

芝生の管理が大切なゴルフ場では美しいギンゴケも大敵のようで、何度か相談の電話がありました。ただその苔が本当にギンゴケなのかどうかは怪しいところです。私の勤める人と自然の博物館の周辺の芝生ではギンゴケはあまり生えず、コスギゴケとスナゴケがよく目立ちます。芝の枯れる冬から春にも緑色を保つので私にはとても好ましく見えるのですが、ゴルフにはきっとじゃまなのでしょう。

ゴルフ場とは逆に、庭に生えた大事な苔を悪い雑草から守るためには、どうすればよいのでしょうか。面倒くさがりの人が庭の雑草を退治する場合、除草剤などの農薬を撒《ま》くことになりますが、うまいことにこの除草剤、種類によっては苔には効き目を及ぼさないのです。グラモキソンという商品（有効成分はパラコート）がスギゴケに対する薬害がほとんどないことからよく使われていて、どんな草も枯らしてしまうけれども苔にはほとんど悪影響がなくかえって青々とするくらいだといわれています。この薬剤はいまでは製造されていませんので、他の成分を混ぜた除草剤（プリグロックスLなど）が代用品として使われています。

手間のかからない栽培法

次に栽培に移りましょう。

いまや苔玉として突然人気者になった苔ですが、昔も飾りとして使われたことはあったようです。私は自分で見たことはないのですが、コウヤノマンネングサを色づけして水と一緒にビンに詰めたものが水中花として売られていたという記事を読んだことがあります。また、本場の和歌山県高野山《こうやさん》では少なくとも一九一七年（大正六年）当時、コウヤノマンネングサの茎を数本束ねたものが土産物として売られていたそうなのですが、いまではすっかり忘れ去られているようです。

さてコケ植物の大きな特徴の一つに、腐りにくいということがあります。野外で採集した新鮮な植物を口をしっかり閉じたビニール袋に入れておけば、数週間から数ヶ月は元気な姿を保てます。この性質を利用すれば、とても簡単にコケ植物を栽培することができます。冷蔵庫に入れておけば呼吸で消耗《しょうもう》することもありませんので、乾燥にさえ気をつければもっとずっと長く生かしておくことができるでしょう。ただし明かりは必要です。

コケ植物を栽培するうえで最も大切なことは、蒸《む》らさないことと肥料を与えないことです。夏の日が特に注意が必要で、水を撒いた後に強い日差しにさらされると蒸れることになるのです。室内に置く場合は、光合成をおこなわせるためにある程度の日光が必要ですから、日当たりには注意します。コケ植物すなわち薄暗い場所、という固定観念を持っているとすぐに枯らしてしまうことになりかねません。苔玉はつくった当時は美しくとも、はたしてどれだけの人が室内に飾られた苔玉を長持ちさせているのでしょうか。

テラリウムによるポット栽培

大型のガラスの容器で栽培する方法です。特に上部に直径一、二センチメートルほどの穴をあけておくと、ガラス壁内面が曇らずいつでも苔の姿を楽しめます。

以前はテラリウム用として底がはずれて作業のしやすいガラス容器が販売されていたのですが、いまはないようです。おかず用のプラスチックのパックや金魚鉢、熱帯魚水槽といったような、ある程度深さのある透明な容器を流用すれば、見かけさえ我慢すれば、安上がりにつくることができます。よく消毒した土を底に敷いてやり、そこに苔を植えつけます。初めに十分に水やりをしてやれば、あとは蓋《ふた》をしておくだけです。

過湿な状態にしていると、カビが生えてくることがあります。苔そのものはカビにやられることはあまりないのですが、それ以外がやられてしまうのです。特に紙のラベルなどはすぐにぼろぼろになってしまいますから、いつどこで採集したものかわからなくなりがちですので注意が必要です。

苔を植えつける土は、滅菌消毒した日向土《ひゅうがつち》や鹿沼土《かぬまつち》にバーミキュライト（園芸用の人工土）とピートモス（乾燥させたミズゴケ）を加えたものがよいとされています。市販の消毒された用土を用いれば簡単ですが、家庭にあるオーブンレンジで用土を滅菌する方法もあります。ちょっと楽しむだけならば、あまり神経質になる必要はないでしょう。私は無精なので、いつも消毒せずに使っています。

完成したテラリウムは、蒸れを防ぐために直射日光の当たらぬ場所に置きます。数ヶ月に一回程度の水やりで大丈夫です。

沈水培養　多くの種類の苔が水辺を好んで生育していて、なかにはマリゴケのように水中に群落をつくることさえあります。そんなコケ植物の性質を利用したのが、沈《ちん》水《すい》培養という栽培方法です。

適当なガラス容器などに水を深く張りそこに苔を入れます。初めは葉の隙間《すきま》などに多くの空気を含んでいるため水面に浮かんでいますが、時間の経過とともに底に沈みます。この状態で長期間栽培することができるのです。沈水培養できるのは本来水中に生えている種類ばかりでなく、庭などに生えているものでも大丈夫です。水やりの心配はまったくありませんので、手間いらずです。難点は、長期間栽培していると形が変わってしまうことでしょうか。水草販売をしている店の中には、けっこうたくさんの種類の苔を扱っているところもありますが、まずは家の周りから、これはという苔を少し採ってきて試してみるのがよいでしょう。

そのほか、ヒカリゴケ愛好家によって、洞窟《どうくつ》環境をつくるためのコンクリート製の会所桝《かいしょます》（道路の側溝などに設置される排水桝）と、ウィスキーなどの空き瓶を利用した簡単なヒカリゴケの栽培法が開発されています。興味のある方は挑戦されてはいかがでしょうか。

庭に苔を生やすには

自然に生えてきた苔は強い。この原則を大事にします。なぜならば、その場所の環境にうまく合致した種類だからこそやって来てくれたのであり、少々のことでは枯れたりしないからです。ハイゴケやタチゴケ、あるいはアオギヌゴケ属のものは比較的乾く場所にも生えやすい仲間です。関西地方の平野部にある苔庭には、ハイゴケを使った美しい庭が多いのもうなずけます。

まず苔の生えやすい環境づくりを考えるのが大切です。木を植えて直射光を遮ること、庭全体をすり鉢状にすることなどがコツのようです。木は常緑樹を選びます。苔の上に落ち葉が乗るとよくありませんので、落ち葉かきを丁寧に施《ほどこ》す必要があるのですが、落葉樹だと落ち葉の季節にはその手間がたいへんだからです。

排水をよくすることも大切です。よくやる失敗は、水のやりすぎで枯らしてしまうことです。夏の日中の暑い時期には水やりは控えます。それは、花壇の草花に日中に水をやらないのと同じで、かえって植物にとっては害になります。また、水をたくさん与えすぎて地下部が腐ったり蒸れたりして枯らせることもあるようです。

肥料をやらないことも大切な要点です。アンモニアには弱く、すぐ茶色になって枯れてしまいますから、猫のおしっこには気をつけます。私もせっかく生えてきた苔が何回もやられたことがあります。緑の中でそこだけ茶色に枯れてしまいますから、けっこう気分が滅入《めい》ります。

スギゴケの仲間を除けば、コケ植物は土にしっかりと固定されているわけではありません。

そのため、便所にした猫や犬、虫を探す小鳥、あるいはときにいたずら坊主の仕業で苔がひっくり返されてしまうことがあります。そんなときは、元の場所に戻してやり、ある程度しっかりと踏んでやります。

特に苔を植えたりせず、何も手を加えずに一夏水をやり続けていると、翌年の春先に苔が生えているのに気がつくことがあります。これもまたおもしろいことです。地面がなんとなく緑色になっているのがその前兆ですから（原糸体《げんしたい》が繁茂しているため）、そうなったら気をつけて大切にします。しばらくすると、地面のところどころから小さな茎が現れます。庭の石に苔をつけるときにも同様に水撒きを続けるのですが、米のとぎ汁などはカビが怖いのでやめた方がよいといわれています。

市販されているコケ植物のうちで、比較的根づきやすいのは（苔にはもちろん根はありませんが）、スナゴケの仲間です。これは乾くとみすぼらしい姿なのですが、水を十分に含ませてやるととても美しい姿に変身します。その変化も楽しみです。

西芳寺《さいほうじ》で苔庭を管理されている方にお話をうかがったところ、スギゴケなどは夏の渇水期に枯れたようになったり倒れたりしますが、放っておくと自然に新芽を出して定着するそうです。水撒きなどはほとんどおこなわないようで、自然のままに任せておくのがよく、いじりすぎるとよくないそうです。苔を越冬させるときに松葉を敷き詰めたりすることがありますが、西芳寺では秋の落ち葉をそのままにしておくとのことです。ただこれは山間に位置している、湿度が保たれた条件のよい場所での話であって、一般の家庭には当てはめにくいことです。

あとがき

小さい頃から地面に落ちているものを拾うのが好きで、いつも下を向いて歩き、なにかしらおもしろそうなものを見つけ出しては、ひとり悦に入って遊んでいるのが好きでした。関心を植物へと向けるきっかけをつくってくれたのは母親です。野山を歩いたり、ツクシやセリを摘みに行ったことはとても大切な思い出です。小学生の頃参加した市民観察会では、生き物のことをよく知っている「物知りおじさん」に出会い、いつか自分もあんな人になりたいと密《ひそ》かに思ったこともありました。残念ながら中学・高校では勉強と異性のことが頭の大部分を占めていて、植物には縁のない生活が続きました。

さんざん苦労して入学した大学でしたが、授業に出ることはほとんどなく、山登りばかりしていました。しかしながら、登山では毎日の行程が決まっていて、一ヵ所にとどまって植物たちをじっくり観察する機会はなかなかありません。苦労して登った高山のお花畑には目もくれず、飛ぶように走り抜けてゆく山岳部の行動に、少しずつ不満がたまってゆきました。そんなときに出会ったのが、子供の頃からの拾い集める性癖と新しく得た登山の趣味、この両方とも十分に満足させてくれる植物採集、そして採集したものを調べる分類学でした。なりゆきまかせでそのまま一生の職業になってしまいました。大金には縁がありませんが、とてもよい職業選択だったと思います。そしてコケ植物の分類学を始めて四半世紀が経ち、そのなかで少しずつ経験したり学んだりしてきたことをまとめたのがこの本です。

執筆にあたっては、私の恩師である北川尚史先生が雑誌『プランタ』に長期間にわたって連載された「コケの生物学」を各所にわたって参考にさせていただきました。この連載は残念ながらまだ一冊の本としてまとめられておらず、図書館などで雑誌を探して読むしか方法がありません。しかしながら、もう少し専門的な勉強をしたいと思われたならば、とても参考になるものです。ぜひ一度探してみてください。

本書に掲載した写真のうちいくつかは、平岡環境科学研究所の平岡正三郎氏ならびに宇津木和夫氏、頌栄短期大学の黒崎史平氏、広島大学の山口富美夫氏ならびに田中敦司氏、長野県環境保全研究所の樋口澄男氏、そして写真家の伊沢正名氏からお借りしました。快くお貸しくださったこれらの方々に深く感謝いたします。

最後になりましたが、本書の執筆の機会を与えてくださった中公新書編集部の並木光晴さんにお礼申し上げます。

二〇〇四年八月三一日

秋山弘之

図鑑活用術

野外に出かけて苔を観察するにあたって、あるいは標本として家に持ち帰った苔を調べるときに役立つのが図鑑です。図鑑には写真や図とともに、記載といってそれぞれの種の特徴を列記した文章が掲載されています。この記載がなかなか曲者《くせもの》で、慣れないと書いてあることの意味がわからず近寄りがたい感じがするものです。私もそうでした。ふだん使わないような用語がたくさん出てきたりもします。わからない言葉がいくつも出てくると、だいたいそれだけで嫌になるものです。ここでは、わかりやすい図鑑の利用法を取り上げることにします。

まず大切なことは、自分の力量に合った図鑑を選ぶことです。始めたばかりのときに、分厚い図鑑で調べるのはちょっと無謀です。そして、絵や写真がたくさん入っているものを選ぶことです。最近は図鑑に掲載できるほど正確な植物図を専門に書ける人が減りましたので、どうしても写真を使った図鑑が多く出版されています。写真は見映えがいいですし、確かに生きているときの姿を映し出してくれるのですが、問題は自然の中に生えている個体は、たとえそれが同じ種であっても、年齢や生育環境、ときには遺伝的な違いなどによって実にさまざまな形をしていることです。これは人間の場合を考えてみればすぐわかります。私たち人間は同じヒトという一つの種なのですが、蒙古《もうこ》系やポリネシア系、アフリカ系、コーカサス系など地域によって外見はとても違います。また性別によっても見かけはずいぶん異なりますし、赤ちゃん、子供、成人、老人といった発達段階でも違ってきます。同じことが苔でもそれぞれの種に当てはまるわけですから、図鑑に一つだけ掲載されている写真が、たまたま自分の手元にある植物とうまく合致してくれればいいのですが、そうでないことが往々にして生じます。「絵合わせ」といって、手元の植物と写真を一つずつ見比べて名前を決めるやり方がありますが、何度やってもこの方法でうまくいかないことがあるのはどなたも経験されたことだと思います。この点では絵の方が、写真よりもすぐれているといえます。植物の絵を描くときは、一つの個体だけをモデルにするのではなく、いくつもの標本や実物を観察して一番よく特徴を表している姿を合わせて描き出すからです（そのため、ときどきおかしな間違いもあるのですが）。植物図鑑の絵を見て、必ず一枚は葉が裏向きになって描かれているのに気がついている方もおられるでしょう。これも一枚の絵で、なるべくたくさんの情報を伝えるための手段なのです。

これまで苔の図鑑は専門家向けか、ごく初心者向けのものしかありませんでしたが、ここ数年のあいだに使いやすい図鑑類が出版されました。そのいくつかを紹介します。

『原色日本蘚苔類図鑑』岩月善之助・水谷正美、保育社、一九七二年

苔を学ぶうえで最も使いやすい図鑑です。写真ではなく絵が描かれています。はじめの部分に絵がまとめられていますから、絵合わせで名前を決めるときに便利です。出版されてから年月が経ってしまいましたので、使われている学名に古いものが少なくないこと、扱われているのが日本産の種の半分以下であることなどの短所もありますが、ふだん使うにはまったく問題ありません。私が

一番よく使うのもこの図鑑です。

『日本の野生植物　コケ』岩月善之助（編）、平凡社、二〇〇一年

写真の美しさが特筆される図鑑です。眺めているだけでも楽しくなります。出版時点で国内から報告されているすべての種を扱っています。しかし、予算の関係もあってしかたがないのかもしれませんが、一冊にすべてを詰め込むのは無理があったようです。すべての種を扱うといっても、珍しいものや分布の限られるものは、検索表で触れられているだけです。細かい特徴が描かれた線画が少ない点も物足りないと感じるところです。値段が高いこと、重くて大きいので野外には持ち出しにくいこともあって、なかなか人にはすすめられませんが、これから先、長く苔とつきあおうという人には必携の図鑑です。

『フィールド図鑑　こけ』井上浩、東海大学出版会、一九八六年
『山渓フィールドブックス14　しだ・こけ』岩月善之助・伊沢正名、山と渓谷社、一九九六年

ともに携帯サイズの図鑑です。野外に持って出かけるのであれば、どちらかをすすめます。後者は苔だけでなくシダや地衣類も掲載されているのでちょっとお得です。

『野外観察ハンドブック　校庭のコケ』中村俊彦・古木達郎・原田浩、全国農村教育協会、二〇〇二年

私たちがふだん接する機会の多い市街地や里山の種類を中心に掲載した図鑑です。標本の作り方

や観察方法が書かれていて読みごたえがあります。蘚苔類だけでなく地衣類にもたくさんのページを割いているのが特徴です。環境教育など学校の授業に使うことが想定されている構成になっています。

さて写真や絵の豊富な図鑑を手に入れたなら、毎日少しの時間でよいですから、たとえば毎晩寝る前の五分ずつというように、実際にページをめくってみてください。そのときただ漫然と眺めるのもよいのですが、できれば気になったものだけでもよいですから、実物を見てみたいなあと思ってみてください。べつに超能力を期待するわけではなく、私の経験から、会いたいなあと強く思っていると、不思議と会えるものなのです。「噂をすれば影」というのではなく、きっと意識のどこかに思いが残っていて、野外観察の際に見逃すことがなくなるからだと思います（視界に入って確かに網膜にはその映像が映し出されているはずなのに、気づかずに見逃してしまうことは、実際とても頻繁に起こっていることなのです。松茸山で足下の松茸に気づかない、といえばわかりやすいでしょうか）。

図鑑を有効に使ううえで次に大切なことは、絵合わせでこれだと決めた後、その種の記載文をしっかりと読むことです。博物館のセミナーなどで苔の観察会をすると、せっかく図鑑を持ってきているのに写真や絵だけ見て満足し、ほとんど記載を読まない人が多いことに驚かされます。自分でこれだと納得してしまったら、それ以上調べるのが面倒くさいのでしょうか。でも記載文はそれぞれの専門家が知恵を絞って、その種の特徴を書いていますから、参考になることがたくさん書かれているのです。ですから記載文をしっかり読むかどうかで、これから先その苔に詳しくなれるかどうかが決まるといっても過言ではありません。

記載文を読むうえで注意することは、手元に調べたい苔がないときには読まないことです。いきなり本文を読み出しても、眠くなるばかりです。図鑑の記載というのは調べるために読むもので、読み物としてはあまりおもしろいものではないからです。

さて、大きな図鑑には検索表というものが載せられています。検索表というのは、似た仲間（たとえば同じ属のもの）を区別するためのもので、使い慣れるととても便利なものです。初めに属への検索表があり、それぞれの属のところにさらに種への検索表があるのが普通です。種への検索表の実際例を見てみましょう（次ページ参照）。

自分が苔を調べ始めた頃のことを思い出しながらこの検索表を眺めてみると、昔の自分は次のようなことを考えたはずです。まず、全縁《ぜんえん》、包膜《ほうまく》、腹鱗片《ふくりんぺん》、柔組織《じゅうそしき》、厚壁細胞《こうへきさいぼう》、雌器床《しきしょう》という用語がわかりません。それだけでなく、「指状《しじょう》突起の指状とは何？」「径とは半径あるいは直径？」「70％と75％はどれくらいの差？」「鋸歯状《きょしじょう》とはどんな鋸歯のこと？」「背面とは表と裏のどちら側かしら？」「縞《しま》は何本あって、背面のどこにあるのか？」など。これらの疑問の中には掲載されている写真を見れば解決するものもありますが、残念ながら写真がなかったり、あっても知りたい部分が写っていない場合もあります。さてこれだけ多くの壁に行く手を立ちふさがれると、手元の植物の名前を知りたいという欲求も急速に萎《しぼ》んでゆくことは確実です（細かいことですが、この検索表にある「乳頭」とは乳頭状突起の誤りです。苔に乳首はありませんから）。

ゼニゴケ属

A．腹鱗片は４―６列に並び，葉状体の75％以上を覆い，ほぼ全体にある．葉状体の柔組織に厚壁細胞がない．雌器床の指状突起は全体に細く，円柱状．胞子は径10―15 μm.
……………………………………………………………ゼニゴケ

A．腹鱗片は４列に並び，葉状体の70％以上を覆うことはなく，縁にはない．葉状体の柔組織に厚壁細胞がある．雌器床の指状突起はあまり細くならず，葉状体に似る．胞子は径20―25（―30）μm.

B．気室孔を内側から見ると細胞でほとんどふさがれ，細胞間がわずかに開いているだけである．腹鱗片の付属物は全縁．無性芽器の外面に乳頭がある．包膜の縁は裂片状で有毛．……………………………………フタバネゼニゴケ

B．気室孔を内側から見ると中心部が円形に大きく開いている．腹鱗片の付属物の縁は鋸歯状または裂片状．無性芽器の外面は平滑．包膜は全縁または微鋸歯状．

C．葉状体は暗緑色，背面に縞がない．腹鱗片の付属物の縁は鋸歯状．雌器床の指状突起は放射状．
……………………………………………………トサノゼニゴケ

C．葉状体は黄緑色～赤緑色，背面中央に黒色の縞がある．腹鱗片の付属物の縁に裂片状の長毛がある．雌器床の指状突起は１方向に偏って広がり，指をすぼめた人手状となる．………………………………ヒトデゼニゴケ

（平凡社『日本の野生植物　コケ』314～315頁より改変）

おもしろいもので植物というのは、実物を知っていると一目瞭然、この検索表に書かれているややこしく複雑怪奇な特徴などとは関係なく、すぐにそれとわかるものなのです。それには理由があって、数ある特徴の中で注目すべき特徴をあなたがすでに知っているからなのです。検索表には、それをこそ書くべきです。ここに例として挙げた検索表は、読者に同定のコツを伝えるものになっていないのが残念です。いったい何人の人が「気室孔を内側から見る」のでしょうか？　専門家は、もっとわかりやすくて使いやすい検索表を工夫する義務があります。たとえば、本州で普通私たちが目にするのはゼニゴケとフタバネゼニゴケの二種です。そしてこの両者は葉状体の裏側を見れば、腹鱗片の色が透明と紫色と異なりますので、その色の違いですぐ区別することができます。そのうえで他の二種の違いが書かれていれば、ずっとわかりやすいのではないでしょうか。

それでは万人が使いやすい検索表があるかといえば、舌の根が乾かないうちに反対のことを言うようで心苦しいのですが、残念ながら検索表というものはよく知っている人には使いやすいけれども初心者には使いづらい、というのが宿命でもあるのです。よく知らないグループの検索表を使う際には、ちょっと見当をつけるといった目的に使うのがよいようです。そして、もしうまくどれか一つの種類に行き当たったならば、今度は検索表を逆に見てゆくのです。書かれているすべての特徴にピタリと当てはまればたぶんあなたの同定は正解。また、そうすることで、その種の特徴をよく把握することもできます。

文句ばかりを書き連ねてしまいましたが、検索表の弱点を理解したうえで利用するならば、けっこう使いでのあるものです。上記の検索表も専門家の立場から見るならば、形態的特徴がよくまとめてあって、決して悪いものではありません。初心者の方はもう少し自分の理解が進んだときに使うことにして、しばらくの間はあまり囚《とら》われないようにしましょう。

ところで、図鑑に書かれているのは図版とその解説ばかりではありません。たいてい初めの部分には総論や用語解説があり、後ろに標本の作り方など実用的な情報が盛り込まれています。これを利用しない手はありません。初めは難しいかもしれませんが、何度もよく読むうちに意味がつかめるようになります。

また、コケ植物の観察を続けていると、図鑑には書かれていない事柄を発見することもあるかもしれません。あるいは、人に教えてもらった、区別するうえで重要なポイントや他の本で仕入れた情報なども増えてくるでしょう。そんなときは、どんどん図鑑の余白に書き込んでゆきます。そうすることで、自分だけの、そして自分が使いやすい、世界に一冊しかないすばらしい図鑑をつくってゆくことができるのです。

さて、採集はしてみたけれども、どうしても名前がわからないときはどうすればよいのか、本当はそれが問題なのです。近くに苔に詳しい人などいないのが普通でしょう。残念ながらコケ植物の専門家は日本にほんのわずかしかいません。アマチュアの詳しい人を含めても、せいぜい三〇人程度でしょう（これでも、ある特定の分野の分類専門家の数としては多い方なのです。世界に一人などという分類群もありますから）。どうしてもわからないときは、夏休みの終わりに各地の博物館で開催されている標本同定会に持ち込んでみるのがいいでしょう。もし近くにそのような施設がないのであれば、手紙を添えて専門家に同定を依頼することも可能です。専門家は意外に親切なものです。詳しい依頼方法については、ここで紹介した図鑑に要領が書かれていますので参考にしてください。依頼先はインターネットで調べるか、あるいは地元にある自然史系博物館の植物担当者に尋ねてみると見つけることができます。

代表的な苔20選

苔　庭

オオスギゴケとウマスギゴケ（蘚類スギゴケ科、口絵①）

まず一番目立つのは、背の高いオオスギゴケあるいはウマスギゴケです。単に杉苔といった場合は、このどちらかを指します。名前のとおり、スギの小さな苗（実生《みしょう》）とそっくりです。オオスギゴケとウマスギゴケはとてもよく似ていて、顕微鏡を使って葉の断面を見なければ区別することができません。ただ茎が長く伸びている場合には、ウマスギゴケでは茎の下半分が倒れて地面を這《は》い、緑色の上半分だけがまっすぐに立ち上がっています。また、乾いたときにはウマスギゴケの葉は茎にしっかりとつくようになりますが、オオスギゴケの場合先端が少し反り返ったようになる傾向があるのも異なる点です。

スギゴケの仲間は仮根《かこん》が地面のすぐ下に広がっており、これからたくさんの地上茎が出てきますので、密生するように生え揃《そろ》うのです。種類によっては仮根が何本も撚《よ》り集まって一本の縄のようになり、地下茎のような構造をつくります。また、茎を間近で見る機会があれば、上から下までついている小さな葉が、上側が緑色、下になるほど茶色へと変化するだけでなく、大きさも違っていて、ところどころに他と比べて小さい葉がついているのに気づくでしょう。それはオオスギゴケの地上茎の一本一本が数年にわたって成長して長く伸びるからです。茎の下の方の葉はすでに役目を終えて枯れているのです。小さい葉がついているのは、冬になると低温と乾燥で成長が鈍るためで、ここに注目すると地上茎が現れてから何年の冬を越したのかを知ることができます。

ホソバオキナゴケ（蘚類シラガゴケ科、口絵②）

スギゴケの仲間の次に目を引くのは、なんといってもホソバオキナゴケでしょう。まるで斑《ふ》入りの葉のような色合いを持つ白緑色の苔は他に例がありません。そのうえ、地面や腐りかけた切り株などにみっしりと密生するので、よく手入れされた庭では実に見事な様子になります。西芳寺《さいほうじ》（苔《こけ》寺《でら》）の見事さは、このホソバオキナゴケによって醸《かも》し出されているといっても過言ではありません。地面の小さな起伏までも正確になぞらせるには、ホソバオキナゴケが最も適しているのです。スギと相性がよいのも、寒い地方では好都合です。

野外ではスギの木の株元に生えたり（なぜかスギにつくと、形が小さくなります）、痩《や》せたマツ林の開けた場所に地衣類と一緒にクッション状の群落をつくっています。園芸店で「山苔《やまごけ》」と称して売られているのはホソバオキナゴケであることがほとんどです。よく似た種類にアラハシラガゴケがありますが、どちらかというと西日本以南に多い種類で、本州ではあまり見かけることはありません。

ヒノキゴケ（蘚類ヒノキゴケ科、口絵③）

京都の苔庭ではよく使われている苔です。通信販売でも最近はよく売られており、一般に利用される機会も増えているようです。苔庭では丈の詰まった姿で密生させることが多いようです。毎日竹箒《たけぼうき》で掃くためにそうなるのではないでしょうか。

見かけが美しいのでガラス鉢などに入れて観葉目的でもよく利用されますが、山育ちゆえに室内で楽しむにはちょっと無理があるようで、すぐに茶色くなってしまうことがほとんどです。どちらかというと、大気汚染や乾燥には弱い苔です。

細い流れを藪《やぶ》を漕《こ》ぎながらさかのぼって、ぽっかり開けた場所でヒノキゴケに出会うと、山の中の庭に迷い込んだようでうれしくなります。ヒノキゴケは、野外では山林の沢沿いなど、よく湿った斜面の腐植質上に、半球状のこんもりとした塊をつくります。ときに群生しますが、一つ一つの塊がつながって一面に広がることはないようです。

近畿ではフトリュウビゴケが石の上に似たような群落をよくつくります。これも今後利用されてしかるべき種類でしょう。

ハイゴケ（蘚類ハイゴケ科、口絵④）

有名な苔庭ではほとんど使われることのない蘚類ですが、降水量の少ない地域ではよく利用されています。地面の上に背の低い群落をつくり、くるくるとよく巻く葉が特徴です。地面の上に載っているだけですので、鳥などにいたずらされるとすぐにひっくり返されてしまうのが庭に用いるには難点です。野外では、墓地や田圃《たんぼ》の畦《あぜ》など、日当たりのよい場所にみられます。また、苔玉に使われる苔といえばまずこの種類ですが、ときどきは日に当ててやらないと、暗い場所では色がすぐにあせてしまいます。

コバノチョウチンゴケ（蘚類チョウチンゴケ科、口絵⑤）

春先になると、やや沈んだ濃い緑色の群落の中から鮮緑色の新しい枝が伸びだしてきます。この時期には一番目立つ苔でしょう。この鮮やかさゆえに苔庭にもよく用いられています。蘚類チョウチンゴケ科の仲間ですが、顕微鏡で見ると葉の細胞には乳頭状の突起があって、それが光を乱反射するために一種くすんだ色合いを醸し出しています。

そのほか、三回に細かく枝分かれした様子が美しい蘚類シノブゴケ属の仲間が苔庭に生えているのを見かけることもありますが、枝と枝の間が隙間だらけになって見映えがせず、どうやっても敷き詰めた感じにはならないことから、どちらかというと邪魔者として苔庭では邪険に扱われているのが興味深いところです。

家の周りや公園

コツボゴケ（蘚類チョウチンゴケ科、口絵⑥）

蘚類ツルチョウチンゴケ属は長く伸びて這う茎と立ち上がる短い茎の二種類の茎を持っているのが特徴ですが、コツボゴケ以外は沢沿いの湿った場所に生えています。この種は地面に広がって生えます。乾くとちりちりになって、みすぼらしくなるのであまり苔庭には使われないのですが、水辺などに勝手に生えてくるようです。北日本には性表現が異なる以外は見かけがそっくりの、ツボゴケという種類がありますが、識別は専門家でも困難です。

タチゴケ（蘚類スギゴケ科、口絵⑦）

よくスギゴケの仲間と間違えることのある蘚類です。乾くと葉が縮れること、胞子嚢《のう》が細長く蘚《せん》帽《ぼう》に毛がない点に気をつけるのが見分けるコツです。一つの茎につく胞子体の数などでいくつか変種が知られていますが、スギゴケ類と間違えないことが大切で、初心者が気にする必要はありません。

ギンゴケ（蘚類ハリガネゴケ科、口絵⑧）

サツキの盆栽で土に張りつけて使いますから、ご存じの方も多いでしょう。また人工的な環境でも旺盛《おうせい》に生育します。とくに車道脇で土が少したまっているようなところに好んで生えています。銀色に輝く植物体がとても魅力的です。熱帯から南極まで実にさまざまな環境に生育することができる苔です。

スナゴケ（蘚類ギボウシゴケ科、口絵D）

スナゴケというのは正確な名前ではなく、エゾスナゴケとコバノスナゴケとを合わせた呼び名です。コバノスナゴケの方が標高の高いところに生育しています。公園の植え込みや芝生、あるいは林道沿いの空き地など、よく開けた明るい場所に、芝生状によく揃ったきれいな群落をつくっています。やや黄色味がかった白っぽい緑色が特徴で、葉先には透明なトゲがあります。緑化事業で一番よく用いられている苔ですが、乾いたときには葉が縮れてみすぼらしくなるのが欠点です。

ヤノウエノアカゴケ（蘚類キンシゴケ科、口絵⑨）

藁《わら》葺《ぶ》き屋根の上などに群落をつくって、赤い蒴柄《さくへい》をたくさんつけるのでこの名前がつけられましたが、今は昔の話です。現代では人家の庭やコンクリートの溝などをおもな生育場所にしているようです。同じような場所に生えて形がよく似ているものに蘚類ネジクチゴケがあります。ともに赤くて長い蒴歯をつける点も紛らわしいのですが、ネジクチゴケの胞子嚢（蒴）は直立して曲がらず、蒴歯はねじれているのが特徴で、ヤノウエノアカゴケのやや傾いて深いしわのある胞子嚢とまっすぐに伸びる蒴歯とは明瞭《めいりょう》に異なっています。

ハマキゴケ（蘚類センボンゴケ科、口絵⑩）

日当たりのよいコンクリートの塀、溝、石垣、あるいは車道脇の側壁など、よく日の当たって乾きやすい場所に群生する背の低い苔です。濡《ぬ》れた状態では葉は卵形ですが、乾くと巻いて細くなることから和名がつけられています。

フタバネゼニゴケ（苔類ゼニゴケ科、口絵⑪）

教科書に掲載されていたために有名になったゼニゴケよりも、実はずっと普通にある苔です。雌の葉状体から伸びる傘（造卵器や胞子体をつける雌器托《しきたく》と呼ばれるもの。一五一頁の図21参照）が、ゼニゴケとは違って二つの裂片だけ長くなっていること、葉状体をひっくり返すと裏が紫色であること（本当のゼニゴケは緑色）が異なる点です。第3章の「味と匂いの不思議な成分」でも書きましたが、フタバネゼニゴケの葉状体を手にとると、私には梅ガムのような、ちょっとなつかしい酸っぱみのある匂いが感じられるのですが、あまり賛成してくれる人がいないのは寂しいところです。

ジャゴケ（苔類ジャゴケ科、口絵⑫）

幅の広い葉状体の上面には、白くて小さな蛇の目模様があります。これは気室孔で、ここから二酸化炭素を取り込むのです。気室孔の下には小さな部屋が隠されていて、同化糸と呼ばれる葉緑体をたくさん含む短い糸状の組織があり、光合成をしています。ドクダミ臭が特徴で、乾いた場所（特に山中の石灰岩など）に生えているものは、葉状体が薄くなって松茸のようなよい匂いがします。日本のジャゴケは、実は少なくとも三つの異なる種の集合であることが遺伝子の調査からわかっています。沢の近く、水に濡れた場所に多いのは浅い緑色で大型のもの、やや乾いた山の斜面の土の上などに生えるのは葉状体の裏が紫色になっているもの、三つめが松茸の匂いがするものです。

ただ外見には中間型があって、判断に迷うときも少なくありません。

里山や杉林

オオミズゴケ（蘚類ミズゴケ科、口絵⑬）

野外でミズゴケを見かけたら、まずこの種類です。私の住む兵庫県に多い痩せた土地ではごく普通に見つかります。レッドデータブックでは絶滅危惧種に指定されているのですが、実はこれにはからくりがあって、ミズゴケ類は同定が一般に難しくいちいち種名を挙げると後の処置が大変だろうということで、ミズゴケ類を一括して指定するために一番普通にあるオオミズゴケだけをリストに挙げたのです。オオミズゴケはきわめて普通の種です。私はこの処置は間違っていると思いますが、すでに後の祭りです。

カガミゴケ（蘚類ナガハシゴケ科、口絵⑭）

スギの植林地はあまり苔が生えていないものなのですが、このカガミゴケとホソバオキナゴケだけは例外で、どうやらスギがとても好きな苔のようです。スギの木の株元に、光沢のある平たい群落をつくる苔を見つけたらまずカガミゴケに間違いありません。白緑色であれば、それはホソバオキナゴケです。

ヒジキゴケ（蘚類ヒジキゴケ科、口絵⑮）
民家の石垣やお墓の石の上など、明るく乾いた場所に群落をつくる白っぽい緑色の苔です。乾いた状態で見かけることが多いのですが、水をかけてやると急速に葉を展開させ、まるで別の苔のようになります。一度ぜひ試してみてください。気軽に「復活」を見ることができます。

トヤマシノブゴケ（蘚類シノブゴケ科、口絵⑯）
日陰の岩上や土上に大きな群落をつくります。茎は長く地面を這い、また三回羽状に細かく分枝して、各枝はほぼ同一平面上にありますから、独特の繊細な外観をしています。シノブと名づけられた所以《ゆえん》でもあります。この仲間であることは、その分枝の細かさから容易に知ることができます。ただし同じ属の種がたくさんありますから、種の識別は容易ではありません。水辺から離れた、やや乾いた場所を好みます。水辺には、外観からはほとんど区別できないヒメシノブゴケが入れ替わるように生えています。この水分条件による棲み分けは、これまでの私の経験ではかなりきっちりと定まっているようです。

イクビゴケ（蘚類イクビゴケ科、口絵⑰）
「地面に麦粒を蒔《ま》いたように」生える小型の苔です。胞子嚢（蒴）の柄がとても短く、葉の間からちょこんと顔をのぞかせている様子がいかにも苦しげで、首が短いことを意味する「猪首《いくび》」を思わせるのでしょう。一度見たら忘れられない苔です。おもしろい形をしていますが、慣れるとけっこう普通にあります。

キヨスミイトゴケ（蘚類ハイヒモゴケ科、口絵⑱）

渓谷の流れの上に張り出すように生える灌木《かんぼく》の枝から、長く垂れ下がって生える種類です。もしこの苔を見つけたら、そこは植物にとってひじょうに良い環境が保たれている場所であることを示しています。

苔庭ガイド

（開園・開館の日時等は変更される場合があります）

箱根美術館神仙郷《しんせんきょう》（神奈川県足柄下《あしがらしも》郡箱根町強羅《ごうら》）

関東では有名な苔庭です。おもしろいことに、ここでは地面を覆《おお》うために用いられているのがエダツヤゴケという蘚類で、まるで西洋式庭園のよく刈り込んだ芝のような（あたかもゴルフ場のグリーンのような）雰囲気を醸《かも》し出しているのが特徴的です。

創設者の岡田茂吉氏は京都の苔庭にいたく感動し、ここ箱根の地に苔庭を設けることを決意、何もないところから土地整備・植栽を含め造営のすべてを一から始めたとのことです。またここにある苔は、美術館を運営する宗教法人の信者が全国各地から持ち込んだもので、そのうちの箱根の気候に合ったものだけがいまも生き続けているのだといいます。

［交通］箱根登山鉄道強羅駅よりケーブルカーに乗り継ぎ「公園上駅」下車、徒歩約三分

［開園時間］四月～一一月：午前九時～午後四時三〇分、一二月～三月：午前九時～午後四時。木曜休館（祝日は開館）。一二月二六日～三一日、一月六日～一二日休館

［問い合わせ］箱根美術館　電話〇四六〇－二－二六二三

苔の園（日用《ひよう》神社、石川県小松市日用町）

苔栽培を長年研究されてきた大石鉄郎氏によって創設され、その活動の拠点とされた石川蘚類研究所が併設されています。道を挟んで研究所と日用神社が並んでいますが、まず研究所で受付をします。うっかり神社の方に先に行くと、受付の人にとがめられますので注意が必要です。小さな石橋を渡ったあたり、神社境内の日用杉の木立の下、薄暗い中に広がるホソバオキナゴケの群落は息の飲むほど見事です。この近くの民家でもそれぞれ個人のお庭に見事な苔庭がつくられています。苔愛好が地域文化として定着している様子が、たいへん好ましく思われました。

ただここには道路拡張の計画があって、このすばらしい苔の楽園もそう遠くない将来につぶされてしまう運命にあると聞いています。

［交通］粟津《あわづ》温泉から車で五分。すこしわかりにくい場所にありますが、途中の道案内の看板に従って行けば迷うことなくたどり着けます。大きな駐車場も備わっています

［開園時間］午前九時～午後四時（夏期は午後五時まで）。冬期積雪時は休園

西芳寺《さいほうじ》（京都市西京区松尾）

いわゆる苔寺《こけでら》のことです。地面のうねりを正確になぞったホソバオキナゴケの群落の様子は、ひじょうに見応えのあるもので、あまたの写真等で紹介されています。苔庭を観賞するには予約が必要で、写経をした後に庭を散策することができます。世界的にもとても有名ですが、見るためには

三〇〇〇円程度の費用がかかりますので、何度も訪れるというわけにはいかないのが残念ですが、人数が制限されているためゆっくりと静かに苔庭を堪能することができるのはかえってよいのかもしれません。なお、本堂の軒下の溝にはホンモンジゴケが群生しているので忘れずにのぞいてみてください（八七頁の図12参照）。
［交通］ＪＲ京都駅から73系統京都バス、京都市営地下鉄東西線三条京阪駅から63系統京都バスで「苔寺」下車、徒歩約五分
［申し込み方法］往復はがきに希望日、人数、代表者の住所・氏名・年齢・職業・電話を明記のうえ申し込む。受付は二ヶ月前から先着順（一月一日〜三日を除く）。一週間前までに必着
［申し込み先］〒六一五―八二八六　京都市西京区松尾神ヶ谷町五六　西芳寺あて

銀閣寺（東山慈照寺、京都市左京区銀閣寺町）
入り口から続く背の高い生け垣と建物で有名ですが、実は見事なオオスギゴケの庭があります。疎水に沿って、南禅寺《なんぜんじ》→法然院《ほうねんいん》→銀閣寺→詩仙堂《しせんどう》→曼殊院《まんしゅいん》とたどるコースは、苔庭探訪の東の黄金コースといえましょう。銀閣寺を訪れた後は山沿いの道を北方向に歩くのをおすすめします。里山の自然に生える苔をいろいろと見ることができます。銀閣寺では苔の勉強もできます。
［交通］ＪＲ京都駅あるいは京都市営地下鉄東西線三条京阪駅から5系統市バスで「銀閣寺道」下車、徒歩約八分

法然院（京都市左京区鹿《しし》ヶ谷《たに》）

苔むした山門、砂地に毎日つくられる模様とともに、ヒノキゴケ、ホソバオキナゴケ、オオスギゴケで形作られた苔庭がとてもきれいです。まるで芝生のようになっているホソバオキナゴケとヒノキゴケの群落は見事。これは竹箒《たけぼうき》でよく掃かれているためで、ホソバオキナゴケの茎の先端がぽろぽろとたくさん落ちているのを見ることがあります。銀閣寺のすぐ近くなので、一緒に訪れることができるのも便利です。

［交通］銀閣寺から徒歩約一五分

三千院（京都市左京区大原）

聚碧園《しゅうへきえん》と有清園《ゆうせいえん》という二つの池泉回遊式庭園が造られており、有清園の杉木立の中には三千院の本堂、往生極楽院が建っています。この杉木立の根元を飾るオオスギゴケとヒノキゴケからなる苔庭が見事です。初夏は紫陽花《あじさい》、秋は紅葉の名所としても知られています。

［交通］ＪＲ京都駅から18系統京都バス、京都市営地下鉄東西線三条京阪駅から17・18系統京都バス、叡山電鉄八瀬《やせ》遊園駅から13～18系統京都バスを利用し終点「大原」で下車、徒歩約一五分

足立美術館（島根県安来《やすぎ》市古川町）

一九七〇年開館で、絵画と庭園が特に有名です。よく手入れされたウマスギゴケの庭を館内から観賞できます。余裕があれば茶室で一服のお茶をいただくのも風情があっておすすめです。

［交通］ＪＲ山陰本線安来駅からバスで約二〇分
［開館時間］四月〜九月：午前九時〜午後五時三〇分、一〇月〜三月：午前九時〜午後五時。年中無休

おもな参考文献

秋山弘之(編著)　2002　コケの手帳　研成社

安藤久次　1979　コケ類の性　植物と自然 13(7).

安藤久次　1990-1994　コケのシンボリズムⅠ〜Ⅵ　日本蘚苔類学会会報 5(5) : 74-78, 5(6) : 83-87, 5(8) : 119-125, 5(11) : 179-184, 6(3) : 36-41, 6(6) : 109-115.

伊沢正名　2003　写真撮影法 「コケ類研究の手引き」第5章　日本蘚苔類学会

石弘之　1992　酸性雨　岩波書店

井上浩　1969　こけ—その特徴と見分け方—　北隆館

井上浩　1971　東京都心のヒカリゴケ雑記　日本蘚苔類学会会報 5(10-12) : 173.

井上浩　1978　コケ類の世界　出光書店

井上浩　1978　絵説きコケづくり　池田書店

畦浩二　1986　日本産蘚類の雌雄性　日本蘚苔類学会会報 4(4) : 59-60.

大石鉄郎　1981　コケづくり 苔盤景から苔庭まで　ひかりのくに

越智典子・伊沢正名　2001　ここにも，こけが…　月刊たくさんのふしぎ第195号　福音館書店

柿沢亮三・小海途銀次郎　1999　日本の野鳥 巣と卵図鑑　世界文化社

神田啓史　1988　羅臼町マッカウス洞窟のヒカリゴケの現状と保存　日本蘚苔類学会会報 4(10) : 165-166.

北川尚史　1989-1995　コケの生物学(1)-(28)　植物の自然誌プランタ 1号〜37号　研成社

小池保次　1989　空きびんを利用した市街地でのヒカリゴケの培養　日本蘚苔類学会会報 4(4) : 51-56.

小海途銀次郎・和田岳　2003　第32回特別展 実物日本鳥の巣図鑑－小海途銀次郎コレクション展－　大阪市立自然史博物館

手塚直人・岡田雅善・條克己　2003　苔園芸コツのコツ　農山漁村文化協会

西田治文　1998　植物のたどってきた道　日本放送出版協会

山岡正尾　1990　光蘚との五十年－ひかりごけノート－　ヒカリゴケの旅グループ

George Schenk 1997 Moss gardening Timber Press, Portland, Oregon.

Howard Crum 2001 Structural diversity of bryophytes The University of Michigan, Ann Arbor.

Wilfred. B. Schofield 1985 Introduction to bryology Macmillan Publishing Company, New York.

索　引

秋山弘之（あきやま・ひろゆき）

1956年（昭和31年），大阪府に生まれる．
京都大学理学部卒業．同大学院理学研究科
博士課程修了．理学博士．現在，兵庫県立
大学自然・環境科学研究所准教授．兵庫県
立人と自然の博物館主任研究員を兼任．専
攻，植物分類学．
著書『多様性の植物学２　植物の系統』
　（分担執筆，東京大学出版会）
　『コケの手帳』（編著，研成社）
　『ふしぎの博物誌』（分担執筆，中公新書）
　『新分類　牧野日本植物図鑑』
　（分担執筆，北隆館）
　『新訂版　コケに誘われコケ入門』
　（分担執筆，文一総合出版）
　など

苔《こけ》の話《はなし》
中公新書 *1769*

2004年10月25日初版
2017年10月10日３版

日本音楽著作権協会（出）許諾
第0412650-702号

著　者　秋山弘之
発行者　大橋善光

本文印刷　三晃印刷
カバー印刷　大熊整美堂
製　　本　小泉製本

発行所　中央公論新社
〒100-8152
東京都千代田区大手町 1-7-1
電話　販売 03-5299-1730
　　　編集 03-5299-1830
URL http://www.chuko.co.jp/

Published by CHUOKORON-SHINSHA, INC.
Printed in Japan　ISBN4-12-101769-2 C1245

中公新書刊行のことば

いまからちょうど五世紀まえ、グーテンベルクが近代印刷術を発明したとき、書物の大量生産は潜在的可能性を獲得し、いまからちょうど一世紀まえ、世界のおもな文明国で義務教育制度が採用されたとき、書物の大量需要の潜在性が形成された。この二つの潜在性がはげしく現実化したのが現代である。

いまや、書物によって視野を拡大し、変りゆく世界に豊かに対応しようとする強い要求を私たちは抑えることができない。この要求にこたえる義務を、今日の書物は背負っている。だが、その義務は、たんに専門的知識の通俗化をはかることによって果たされるものでもなく、通俗的好奇心にうったえて、いたずらに発行部数の巨大さを誇ることによって果たされるものでもない。現代を真摯に生きようとする読者に、真に知るに価いする知識だけを選びだして提供すること、これが中公新書の最大の目標である。

私たちは、知識として錯覚しているものによってしばしば動かされ、裏切られる。私たちは、作為によってあたえられた知識のうえに生きることがあまりに多く、ゆるぎない事実を通して思索することがあまりにすくない。中公新書が、その一貫した特色として自らに課すものは、この事実のみの持つ無条件の説得力を発揮させることである。現代にあらたな意味を投げかけるべく待機している過去の歴史的事実もまた、中公新書によって数多く発掘されるであろう。

中公新書は、現代を自らの眼で見つめようとする、逞しい知的な読者の活力となることを欲している。

一九六二年一一月

中公新書

科学・技術

環境・福祉

348 水と緑と土（改版） 富山和子
1156 日本の米—環境と文化はかく作られた 富山和子
1752 自然再生 鷲谷いづみ
2120 気候変動とエネルギー問題 深井有
1648 入門 環境経済学 日引聡 有村俊秀
2115 グリーン・エコノミー 吉田文和
1743 循環型社会 吉田文和
1646 人口減少社会の設計 松谷明彦 藤正巖
1498 痴呆性高齢者ケア 小宮英美

中公新書

自然・生物

s1

- 2305 生物多様性　本川達雄
- 503 生命を捉えなおす（増補版）　清水　博
- 1097 生命世界の非対称性　黒田玲子
- 2414 入門！進化生物学　小原嘉明
- 2433 すごい進化　鈴木紀之
- 1925 酸素のはなし　三村芳和
- 1972 心の脳科学　坂井克之
- 1647 言語の脳科学　酒井邦嘉
- 2390 ヒト―異端のサルの1億年　島　泰三
- 1855 戦う動物園　小菅正夫・岩野俊郎著　島　泰三編
- 1709 親指はなぜ太いのか　島　泰三
- 1087 ゾウの時間ネズミの時間　本川達雄
- 2419 ウニはすごいバッタもすごい　本川達雄
- 1953 サンゴとサンゴ礁のはなし　本川達雄
- 877 カラスはどれほど賢いか　唐沢孝一
- 1860 昆虫―驚異の微小脳　水波　誠
- 1238 日本の樹木　辻井達一
- 2259 カラー版 スキマの植物図鑑　塚谷裕一
- 2311 カラー版 スキマの植物の世界　塚谷裕一
- 1706 ふしぎの植物学　田中　修
- 1890 雑草のはなし　田中　修
- 2174 植物はすごい　田中　修
- 2328 植物はすごい 七不思議篇　田中　修
- 2316 カラー版 新大陸が生んだ食物　高野　潤
- 1769 苔の話　秋山弘之
- 939 発酵　小泉武夫
- 2408 醤油・味噌・酢はすごい　小泉武夫
- 1922 地震の日本史（増補版）　寒川　旭
- 1961 地震と防災　武村雅之